农产品加工与经营知识普及丛书

水产品的商品化处理与配送

SHUICHANPIN DE SHANGPINHUA CHULI YU PEISONG

■ 科技部中国农村技术开发中心 组织编写

林 洪 主编 白启云 主审

中国劳动社会保障出版社

图书在版编目(CIP)数据

水产品的商品化处理与配送/林洪主编. —北京：中国劳动社会保障出版社，2012

农产品加工与经营知识普及丛书

ISBN 978-7-5045-9477-8

Ⅰ.①水… Ⅱ.①林… Ⅲ.①水产品加工②水产品-物资配送 Ⅳ.①S98②F252.8

中国版本图书馆 CIP 数据核字(2012)第 015090 号

中国劳动社会保障出版社出版发行

(北京市惠新东街 1 号 邮政编码：100029)

出 版 人：张梦欣

*

中国铁道出版社印刷厂印刷装订 新华书店经销
880 毫米×1230 毫米 32 开本 8 印张 159 千字
2012 年 3 月第 1 版 2018 年 7 月第 4 次印刷
定价：20.00 元

读者服务部电话：(010) 64929211/64921644/84626437
营销部电话：(010) 64961894
出版社网址：http://www.class.com.cn

版权专有　　侵权必究

如有印装差错，请与本社联系调换：(010) 50948191
我社将与版权执法机关配合，大力打击盗印、销售和使用盗版图书活动，敬请广大读者协助举报，经查实将给予举报者奖励。

举报电话：(010) 64954652

农产品加工与经营知识普及丛书
编委会

主　任	贾敬敦				
副主任	孙晓明	吴飞鸣	黄卫来		
编　委	白启云	胡熳华	李凌霄	林京耀	孟燕萍
	张　富	张　辉	黄　靖	熊明民	刘莉红
	袁会珠	吴崇友	杨志强	肖红梅	汪海峰
	黄安胜	张永升	郑大玮	赵宪军	李树君
	赵有斌	张　燕	龚道枝	齐遵利	陈海江
	王世光	白卫滨	梅盈洁	夏立江	林　洪
	董　斌	孙　磊	程　立		

本书编写人员

主　编	林　洪
副主编	孙晓明　孟燕萍
参　编	吴丽莎　李　萌　郑礼娜　丁云娟
主　审	白启云

内容简介

本书从水产品商品化的角度出发,结合科学知识和实践技术,在水产品的储藏、保鲜、加工、包装、配送、销售以及相应的标准、质量检验和收效分析等方面,介绍了如何把水产品迅速、安全地转化为商品的一些方法,是集知识性、实用性和新颖性于一体的科普性图书。

本书共有七讲、三十六个话题,彩色照片及图表百余幅,内容丰富,视角独特,主要面向从事水产品养殖、捕捞、储运、加工、包装和销售的广大农民、农业科技人员、农村经纪人和农村基层干部,旨在为他们增加水产品商品化知识,保障他们生产安全、生活健康,为实现将水产品转化为商品提供技术指导和咨询。

前　言

党的"十七大"明确指出,解决好农业、农村、农民问题,事关全面建设小康社会的大局,必须始终作为全党工作的重中之重。当前,我国农业正处于从数量型向数量与质量效益型并重转变的新阶段,发展有中国特色的现代农业、建设社会主义新农村成为当前农业农村工作的重要任务。而加强农村人才队伍建设,把农业发展方式转到依靠科技进步和提高劳动者素质上来是根本,培养一批能够促进农村经济发展、引领农民思想变革、带领群众建设美好家园的农业科技人员是保证,培育一批有文化、懂技术、会经营的新型农民是关键。

为更好地在农村普及科技文化知识,树立先进思想理念,倡导绿色健康生产生活方式,中国农村技术开发中心组织相关领域的专家,从农业生产安全、农产品加工与运输安全、农村生活安全等热点话题入手,编写了"新农村热点话题科普常识系列丛书",首批推出的7本图书中《农业生产安全基本知识》《农机具安全使用知识》《农药安全使用知识》《农村气象灾害与防御知识》《农村生活安全基本知识》《农产品加工与运输安全知识》入选2010—2011年和2012年《农家书屋重点出版物推荐目录》,取得了良好的社会效益。此次新推出"新农村建设村务管理工作指导丛书""农产品加工与经营知识普及丛书""设施农业实用技术知识普及丛书"三个系列15种图书。丛书编写采用讲座和讨论等形式，通俗易懂、图文并茂，深入浅出地介绍了大量普及性、实用性的农村实用知识和技能。希望这些丛书能够为广大农民朋友、农业科技人员、农村经纪人和农村基层干部提供一批良好的学习材料，增加科技知识，强化科技意识和环保意识，为安全生产、健康生活起到技术指导和咨询作用。

丛书在编写过程中得到了中国农业机械化科学研究院、中国包装和食品机械总公司、中国农科院环境与可持续发展研究所、中国农业大学食品科学与营养工程学院、河北农业大学、中国海洋大学、浙江农林大学等科研院校众多专家的大力支持。参与编写的专家倾注了大量的心血，付出了辛勤的劳动，将多年丰富的实践经验奉献给读者。主审专家投入了大量时间和精力，提出了许多建设性的意见和建议，特此表示衷心感谢。

由于编者水平有限，时间仓促，书中恐有不妥之处，衷心希望广大读者批评指正。

编委会

二〇一二年一月

目 录

第一讲　水产品的商品化处理与配送概述　// 01
　　话题 1　我国水产资源概述 // 01
　　话题 2　水产品商品化处理概述 // 07
　　话题 3　水产品包装与配送概述 // 13

第二讲　水产品储藏保鲜技术　// 19
　　话题 1　水产品低温保鲜的原理和方法 // 19
　　话题 2　水产品的冷却保鲜 // 24
　　话题 3　水产品的微冻保鲜 // 34
　　话题 4　水产品的冷冻保鲜 // 40
　　话题 5　水产品储藏保鲜中常见的问题与解决方法 // 48

第三讲　水产品加工与质量控制技术　// 54
　　话题 1　冷冻水产食品加工工艺 // 54
　　话题 2　冷冻水产食品加工实例 // 64
　　话题 3　水产品腌制制品工艺 // 71
　　话题 4　水产品腌制实例 // 78
　　话题 5　干制水产食品加工工艺 // 84
　　话题 6　干制水产食品加工实例 // 91
　　话题 7　冷冻鱼糜和鱼糜制品加工工艺 // 100
　　话题 8　冷冻鱼糜和鱼糜制品加工实例 // 107

话题 9　罐头水产食品加工技术 // 121

话题 10　罐头水产食品加工实例 // 134

话题 11　发酵水产食品加工技术 // 141

话题 12　发酵水产食品加工实例 // 147

话题 13　水产食品加工新技术 // 149

话题 14　水产食品加工新技术应用 // 163

第四讲　水产品包装 // 175

话题 1　包装材料的要求及包装技术 // 175

话题 2　常用包装材料及容器 // 180

话题 3　外包装上的食品标签与质量标志 // 184

话题 4　水产品包装中常见的问题及解决方法 // 191

第五讲　水产品配送 // 194

话题 1　水产品配送流程及特点 // 194

话题 2　水产品配送的作业设施及设备配置 // 197

话题 3　水产品配送管理 // 201

话题 4　水产品配送中常见的问题与解决方法 // 203

第六讲　水产品标准与质量检验 // 210

话题 1　水产品质量标准管理规范 // 210

话题 2　水产品的感官检验 // 223

话题 3　水产品原料新鲜度的测定 // 228

话题 4　水产品化学和微生物指标的检测 // 232

第七讲　水产品商品化处理的成本与收益 // 238

话题 1　水产品商品化处理的收益实例 // 238

话题 2　水产加工发展建议 // 241

第一讲　水产品的商品化处理与配送概述

话题 1　我国水产资源概述

导读　水产品味道鲜美、营养丰富，是人们生活中优质动物蛋白的重要来源之一。水产品的蛋白质含量约占8%～24%，脂肪含量低，富含高度不饱和脂肪酸、微量元素和膳食纤维，符合当今人们对健康食品的要求，因此越来越受到消费者的喜爱。

我国水产资源分布

我国海疆辽阔，环列于大陆东南面，有渤海、黄海、东海和南海四大海域，海岸线长达18 000多千米，可管辖海域300万平方千米，大小岛屿5 000多个，蕴藏着丰富的海洋渔业资源。我国海洋鱼类有17 000余种，经济鱼类约300种，其中常见而产量较高的鱼种有六七十种。此外，还有藻类约2 000种，甲壳类近1 000种，头足类约90种。如图1—1至图1—4所示。

水产品的商品化处理与配送

图1—1 大黄鱼

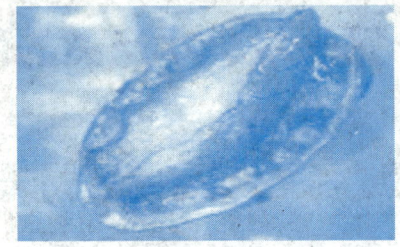

图1—2 鲍鱼

图1—3 虾

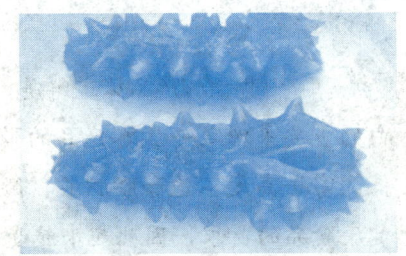

图1—4 海参

我国又是世界上内陆水域面积最大的国家之一。在我国广阔的土地上，分布着众多的江河、湖泊、水库、池塘，总面积达2 700余万公顷。据粗略统计，我国内陆鱼类有770余种，其中不入海的纯淡水鱼有709种，入海洄游性淡水鱼有64种，主要经济鱼类有140种。如图1—5至图1—7所示。

图1—5 鲤鱼

水产品的商品化处理与配送

图1—6 鲢鱼

图1—7 草鱼

水产品的种类

水产品包括所有的水产动物和植物。水产动物主要有鱼类、贝类、甲壳类,还有海参、海胆等棘皮动物和海蜇、水母等;水产植物主要为藻类。

1. 水产动物的种类

水产动物主要包括海水鱼、淡水鱼、软体动物、甲壳类等品种。

- 海水鱼主要包括带鱼、比目鱼、小黄鱼、鲈鱼、鳕鱼、沙丁鱼等。
- 淡水鱼类主要包括青鱼、草鱼、鲢鱼、鲫鱼、鲤鱼、鲶鱼、泥鳅等。
- 软体动物主要有扇贝、牡蛎、鲍鱼、章鱼、鱿鱼等。
- 甲壳类包括中国对虾、梭子蟹、中国毛虾、中华绒螯蟹、虾蛄等。

另外,还包括海蜇、海参、海胆、鳖等其他水产动物。

2. 水产植物的种类

海藻是水产植物中最主要的一类，种类繁多，分布广泛，约有65%见于海洋，35%生活在淡水中。其中，具有开发利用价值的海藻称为经济海藻。目前，我国的经济海藻已有100余种，用于食品生产的主要类别有褐藻、绿藻、红藻和微藻。其中褐藻主要包括海带、裙带菜、羊栖菜等品种，绿藻包括条浒苔、孔石莼、刺松藻等品种，红藻中最为常见的为紫菜、石花菜，微藻主要包括螺旋藻和小球藻。

我国水产品资源特性

1. 种类多

我国水产资源丰富，水产食品原料品种多、分布广，包括海洋和内陆水域的鱼类，甲壳动物中的虾蟹类，软体动物中的贝类和鱿鱼、章鱼等，还有藻类，如海带、紫菜、螺旋藻等。我国海产经济动植物有700多种，其中有经济意义的鱼类有300多种，可划分为海水鱼和淡水鱼两大类。鱼类的种类繁多，其体形也多变，有鲅鱼的纺锤形，真鲷的侧扁形，大菱鲆的纵扁形，鳗鱼的细长形等。根据鱼体肌肉的性状又可将海水鱼划分为肌肉略显红色的红肉鱼和肉色近乎白色的白肉鱼。

2. 组分差异大（以鱼类为例）

鱼是变温动物，随着不同季节的温度、生长、繁殖、规律性迁移及食物等变化，其体内的脂肪、水分、蛋白质等组成成分明显变化。

鱼体中脂肪的含量将直接影响鱼的风味和营养价值，通常含脂量多的鱼肉能给人以细腻、肥腴的感觉。鱼的品种不同，其脂肪含量差别很大，一般可以划分为少脂鱼类（脂肪含量少于1%）、中脂鱼类（脂肪含量1%~5%）、多脂鱼类（脂肪含量5%~15%）、特多脂鱼类（脂肪含量15%以上）四种类型。

3. 容易变质

作为水产食品原料的鱼贝类，其脂肪组成为高度不饱和脂肪酸，所以很容易氧化，产生哈喇味。水产食品易于腐败变质的原因主要包括以下两个方面：

（1）内在因素

- 水产品营养丰富，脂肪少、水分含量高，易被细菌等微生物利用作为其营养成分。含脂量低的鱼类含水量高，更容易腐败。
- 鱼、虾、贝类体表的黏液是细菌生长繁殖的良好场所。
- 鱼、虾、贝类体内含有大量的酶，在室温下可导致其体内的蛋白质分解成为大量的小分子的产物及氨基酸，为细菌生长提供营养。
- 鱼、虾、贝类体内天然的免疫成分少，无法抑制细菌的生长。

（2）外在因素

- 捕捞船空间狭小，且海上作业距离陆地比较远，无法对刚捕捞上来的水产品进行立即处理，船上保鲜作业比较困难。
- 从捕捞到零售整个流程缺少连贯的低温保鲜（冷冻链）措施。
- 捕捞或养殖场所的环境也会影响水产品的保鲜程度，高温、多湿更容易加快水产品腐败变质。

话题 2　水产品商品化处理概述

导读　水产品的商品化处理指把捕捞上来的水产品变成商品的全过程，包括保鲜或延长存活时间处理、分割、冷冻处理，还包括产品加工、储藏、保鲜、包装等活动，是一个复杂的生产链。

我国水产品的行业现状

在近20年间，全世界的水产总产量一直保持低速增长，而我国的水产品产量却一直保持着高速增长势头，2005年已占世界水产品产量的35%，位居世界第一位。2005年全球水产总量已达1.3亿吨，其中约70%作为原料用于生产水产食品，这些产品中供人类直接食用的最主要形式仍然是鲜活品（占53.7%）。

随着生活水平显著改善，消费水平不断提高，膳食结构进一步优化，人们对食品消费特别是优质水产食品消费提出了更多、更高的要求，对水产品的需求呈现多样化、方便化、营养化、安全化、个性化的新特点，除要求食用简便、营养丰富、味美可口外，逐步追求对人体具有某些独特的功效。

水产品的商品化处理与配送
SHUICHANPIN DE SHANGPINHUA CHULI YU PEISONG

小资料

在国内外消费需求的推动下,我国水产加工业的整体实力明显提高。据2008年统计数据显示,水产品加工总量为1 367.8万吨,其中冷冻水产品产量达到851.0万吨,占总加工量的62.2%,藻类加工44.7万吨,罐制品22.0万吨,鱼糜制品及干腌制品193.5万吨,动物蛋白饲料为148.0万吨,鱼油制品9.2万吨,其他水产加工品62.4万吨,折合原料,实现水产商品化的水产品量为2 197万吨。2009年1—11月,我国水产品加工行业共实现销售收入为2 353亿元,同比增长16.29%;利润为97.9亿元,同比增长22.76%。2010年1—11月,水产品加工业销售收入总额达到2 859.242亿元,同比增长24.27%。不同种类的水产品加工成品如图1—8所示。

图1—8 水产品加工成品

水产品的商品化处理与配送

水产动植物生产的水域环境受到越来越多来自工业废水、生活污水和养殖水体自身污染的影响,污染物往往通过食物链被水产动植物富集,直接影响水产品的食用安全。为了保证水产品的食用安全和质量,促进国家间食品贸易的发展,国际食品法典委员会(CAC)现已制定食品卫生通则等卫生操作规范和水产品标准28项,包括鲜鱼、冻鱼、咸鱼、熏鱼、鱼罐头、贝类、蟹类、龙虾、低酸罐头食品等水产食品生产的加工操作规范和产品标准。随着对水产品安全卫生的认识与标准日趋统一,以HACCP(危害分析与关键控制点)为基础的质量管理规范在世界范围内逐渐推行,发达国家的水产品质量控制与进口法规对发展中国家产生的影响越来越大。这使水产品质量的管理得到加强,但也产生了诸多技术贸易壁垒的问题。由于主要水产品进口国都是发达国家,它们以科技和管理的优势较早地按世界贸易组织(WTO)规则制定相应水产品安全管理法规,使发展中国家在水产品出口中备受制约。

水产品商品化技术发展历程

● 为了满足人们对水产鲜活品的需求,近年来许多学者在水产动物的保活运输技术及相关基础研究方面取得了很好的成果。20世纪90年代,日本开始研制集装箱运输活鱼及活鱼运输袋。利用冰温技术的原理,研究开发出生态冰温无水活运的全新技术,不仅能较长时间无水运输活鱼，而且能使鱼变得美味，受到人们的欢迎。

● 水产动物活运的方式主要有增氧法、麻醉法、低温法。从应用范围来看，增氧法多用于淡水鱼类；麻醉法仅限于亲鱼、鱼苗；低温法应用则较广泛，如鱼、虾、蟹、贝等的保活运输。

● 随着社会发展，现代的储藏与流通技术日趋重要。研发水产品的保活、保鲜和精深加工技术，开发高技术含量和高附加值的产品，广辟水产品流通渠道成为今后水产品加工的发展趋势。如图1—9所示。

图1—9　储藏保鲜

● 近年来，国内外研发和生产的先进水产品加工机械和设备，使高新技术（如低F值杀菌技术、栅栏技术、超微粉碎技术、生物技术、膜分离技术、微胶囊技术、超高压技术、无菌大包装技术、新型保鲜技术、微波能及微波技术、真空技术及相关设备等）在水产品加工领域得到广泛应用，引发加工方法和手段根本性的改变，产品技术含量和附加值有了很大的提高，形成了一大批包括鱼糜制品（见图1—10）加工、紫菜加工、烤鳗加工、罐装和软包装加工、干制品加工和冷冻制品加工在内的水产品加工企业。为适应消费习惯的变化，

水产品的商品化处理与配送

以鱼糜和海藻胶等为原料的水产方便食品和即食产品应运而生,如色、香、味俱佳的高档仿生蟹肉、贝肉、鱼翅、鱼子等产品。

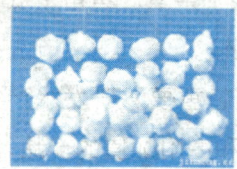

图1—10　鱼糜制品

● 现在世界上在海洋生物中已经发现了3 000多种生物活性物质。从海洋生物和水产加工副产品中提取天然产物尤其是生物活性物质,成为国内外研究的重要课题。据不完全统计,国内现有海洋药物生产企业40多家,生产品种有30多种,2008年创产值已突破10亿元。利用水产品加工废弃物开发制成的血管紧张素转换酶抑制肽(ACEI肽)、鱼皮胶原蛋白、鱼精蛋白、鱼粉等也已作为商品进入市场。如图1—11所示。

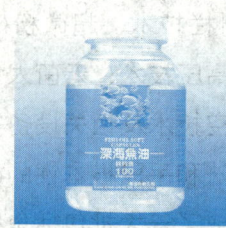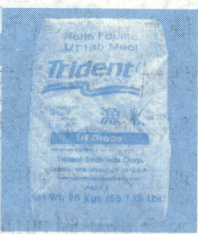

图1—11　精深加工产品

话题 3　水产品包装与配送概述

导读　水产品包装指采用适当的包装材料、容器和包装技术，把产品包裹起来，以使产品在运输和储藏过程中保持其价值和原有的状态。水产品包装是水产商品化的组成部分，它既能保护水产品，使水产品在离开工厂到消费者手中的流通过程中，防止生物、化学、物理等外来因素的损害；又有保持水产品质量的功能，方便水产品的食用；还能表现水产品的外观，吸引消费者的注意力，具有物质成本以外的价值。因此，水产品包装成为水产品商品化过程中不可分割的部分。

随着经济全球化的发展和网络经济的兴起，全球物流服务业的迅速发展成为促进经济发展的"加速器"。全球经济一体化的发展使得企业的采购、仓储、销售、配送等协作关系日趋复杂，企业间的竞争已不仅仅是产品性能和质量的竞争，同时也是物流能力的竞争。因此，水产品的配送成为水产品行业的重要组成部分。

水产品的商品化处理与配送

包装的种类

现代包装的种类很多,因分类的角度不同形成多样化的分类方法。

● 根据在流通中的作用分为销售包装、运输包装。

● 根据包装材料和容器分为纸与纸板包装、塑料包装、金属包装、复合材料包装、玻璃陶瓷包装、木材包装等。如图1—12、图1—13所示。

● 按照包装技术方法分为真空充气包装(见图1—14)、控制气氛包装、脱氧包装、防潮包装、软罐头包装、无菌包装、热成型包装、热收缩包装、缓冲包装等。

图1—12 水产品纸板包装

图1—13 虾的塑料包装

图1—14 水产品的真空包装

 配送及要求

1. 配送形式

水产品的配送主要有水运、陆运、空运三种途径，配送方式和产品特点不同，对配送工具、水产品的包装和配送作业途中的要求也不同。

2. 配送工具及要求

（1）配送工具

● 公路运输　普通货车、冷藏汽车[机械冷藏汽车（见图1—15）、液氮冷藏汽车、干冰冷藏汽车、蓄冷板冷藏车、组合式冷藏车]、保温汽车。

● 铁路运输　机械冷藏火车、加冰冷藏火车。

● 水路运输　集装箱、冷藏集装箱。

图1—15　机械冷藏汽车

水产品的商品化处理与配送
SHUICHANPIN DE SHANGPINHUA CHULI YU PEISONG

● **航空运输** 有冷藏机舱的飞机。如图 1—16 所示。

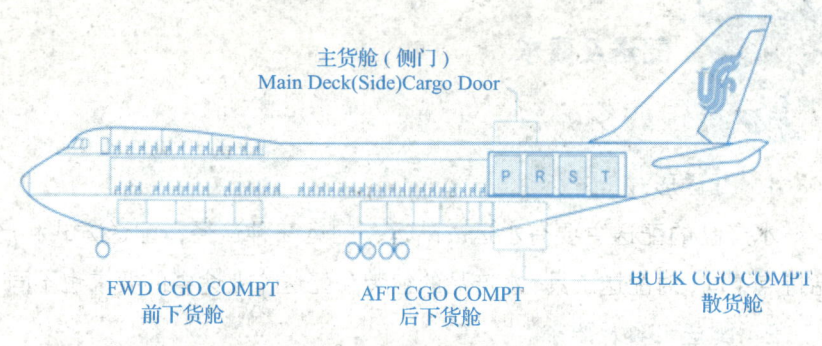

图 1—16 空运货舱示意图

（2）配送工具的卫生要求

使用前必须进行清洗、消毒，另外，还要根据产品的特点配备防雨、防尘、降温、保温等设施。

● 水运和陆运要配有防雨、防尘设施。

● 冷冻及冷藏水产品的运输，要求使用冷藏车、保温车、有降温设施的冷藏船舱和机舱。

3. 配送作业的要求

水产加工企业在运输水产品时必须符合下列要求：

（1）运输过程中，水产品需要被保存在要求的温度下。尤其要注意的是：

● 新鲜的水产品、解冻的未加工水产品以及经加工已冷冻的甲壳类动物和软体动物产品，必须保存在接近 0℃ 的温度下。

● 冷冻的水产品，在运输过程中必须保存在使产品每个部位的

农产品加工与经营知识普及丛书
NONGCHANPIN JIAGONG YU JINGYING ZHISHI PUJI CONGSHU

运输车辆使用前必须进行清洗、消毒。

水产品的商品化处理与配送

温度都不高于-18℃的均一温度下,可以在3℃以内波动。但是,准备加工成罐装食品的盐水冷冻鱼,可以被保存在不高于-9℃的温度下。

(2)当冷冻水产品从冷库被运到指定工厂进行以解冻为目的的处理或加工,并且路程短、经主管机构同意时,食品加工企业可以不遵守(1)中第二条规定。

(3)如果水产品在冰下保存,融化的水必须与该产品隔离。

(4)运输活的水产品必须保证不会影响其食品安全性和存活能力。

第二讲　水产品储藏保鲜技术

话题 1　水产品低温保鲜的原理和方法

导读　人们很早就知道在冬天寒冷季节，食品不易变质且能保存较长时间。这是由于食品在低温下，酶活性及化学反应得到延缓，食品中残存微生物生长繁殖速度大大降低或完全被抑制的缘故。食品的低温保藏可以防止或减缓食品变质，在一定期限内较好地保持食品的品质。目前，在食品制造、储藏和运输中，普遍采用人工制冷方式来保持食品质量。

水产品腐败的原因

● 水产品腐败变质一方面是水产品本身带有的或储运过程中污染的微生物，在适宜条件下生长繁殖，分解水产品体内的蛋白质、氨基酸、脂肪等成分，产生有异味和毒性的物质，致使水产品腐败变质；

水产品的商品化处理与配送

另一方面是水产品本身含有的酶在一定环境条件下能促使水产品腐败变质。在储运过程中,要保证水产品质量,达到保鲜目的,必须控制好这两个因素。

● 环境温度和水分等条件与微生物的生长繁殖有密切关系。水分是微生物生命活动必需的物质,水产品中的水分越多,微生物越容易繁殖。一般认为,水分在50%以上,细菌才能生长繁殖;水分在30%以下,细菌繁殖开始受抑制;水分在12%以下,细菌繁殖困难。

● 温度是微生物生长繁殖的重要条件。各种微生物的适宜生长温度不同,超过其最适生长温度范围,就会停止生长或死亡。酶的作用与温度也有密切关系。37℃左右,酶的分解能力最强,化学反应速度最快。随着温度升高,分解能力增强,当温度超过一定范围时,酶开始被破坏。所以,降低温度能使微生物停止繁殖甚至死亡,使酶分解能力减弱或丧失,延长水产品的鲜活期。

生产上采用最多最有效的方法是低温保鲜。低温保鲜方法主要有冷却保鲜、微冻保鲜、冷冻保鲜,其中又以冷冻保鲜技术最为常用。

鱼类死后鲜度的变化

鱼体鲜度变化包括鱼死后本身产生的各种生理变化和外界环境

农产品加工与经营知识普及丛书
NONGCHANPIN JIAGONG YU JINGYING ZHISHI PUJI CONGSHU

处于僵硬状态的鱼是绝对新鲜的!

作用所导致的腐败和变质。细菌腐败是最严重的变质，使渔货失去食用与经济价值。鱼类在死后与鲜度有关的变化大体可分为以下三个阶段：

● **僵硬阶段** 鱼死后呼吸停止，在缺氧条件下鱼类的肌原纤维的肌球蛋白和肌动蛋白产生收缩并失去伸长性，鱼体便呈僵硬状态。僵硬现象发生的早迟与持续时间的长短，因鱼的种类、死前的生理状态、死后的处理方法和保藏温度等的差异而有所不同。一般僵硬始于死后数分钟或数小时后，持续数小时至数十小时后变软。在僵硬阶段，鱼体的鲜度是完全良好的。

● **自溶阶段** 一般指肌肉中蛋白质在组织蛋白酶作用下发生分解。自溶作用会使僵硬解除后的肌肉组织更加软化，使肽类和氨基酸等增加，为鱼体内的细菌繁殖创造了适宜条件。在此阶段，鱼类原有的良好风味开始变化和消失，鲜度降低。

● **腐败阶段** 是细菌在鱼体繁殖分解的结果。活鱼体体表、鳃部、食道等部位都带有一定量细菌，死后这些细菌逐渐增殖并侵入肌肉组织，使鱼体自溶之后进入腐败阶段。进入腐败阶段时间的早晚，主要取决于鱼的种类、体形大小、季节、保藏温度和最初细菌污染程度等。一般中上层鱼类、小型鱼类比底层鱼类、大型鱼类容易腐败，保藏温度高的比保藏温度低的容易腐败。

专家提示

评定鱼类鲜度质量的方法有感官评定法以及化学、物理、微生物测定法等。感官评定主要根据鱼体软硬和弹性大小,眼球的混浊度,鳃耙的颜色和气味,以及肉味是否正常等。微生物测定一般以鱼肉中的细菌数作为指标,当每克肉中细菌数增至 $10^5 \sim 10^6$ 个时为初期腐败。物理测定有测定鱼体肌肉的阻抗、硬度和鱼肉压榨汁的黏度、鱼眼球晶状体混浊度等方法。物理测定法简便迅速,缺点是因测定对象的种类和个体差异而难以制订统一的评定标准。化学法中的挥发性盐基氮的含量采用国家标准。

 ## 水产品低温保鲜的方法

● 低温保鲜的方法包括在低温下冻结储藏和非冻结储藏,一般也称为冷冻和冷藏。

● 冷冻要将保藏物降温到冰点以下,使水部分或全部呈冻结状态,动物性食品常用此法。

● 冷藏无冻结过程,通常降温至微生物和酶活力较小的温度,新鲜果蔬类常用此法。引起鱼类等鲜水产品腐败变质的细菌主要是嗜冷性菌类,其生长的最低温度为 $-7 \sim -5℃$,最适温度为 $15 \sim 20℃$。

水产品的商品化处理与配送

> **专家提示**
>
> 如环境温度低于最适温度,微生物的生长即被抑制;低于最低温度则停止生长。大多数细菌在0℃左右生长就延缓下来。在低温范围内,温度稍有下降即可显著抑制细菌的生长。

话题 2　水产品的冷却保鲜

导读　冷却保鲜是将水产品温度降低到接近冰点,但不冻结的保鲜方法。鱼类捕捞后采用冷却法可保藏1周左右,冷却温度越低,保鲜期越长。冷却鱼的质量取决于原料质量、冷却方法、冷却所延续的时间和保藏条件。冷却保鲜主要包括冰藏保鲜和冷海水保鲜两种方法。

冰藏保鲜

1. 冰藏保鲜的概念

冰藏保鲜是用碎冰块把新鲜渔获物的温度降至接近冰点但不冻结

的一种保藏方法,通常称为冰鲜。冰藏保鲜不仅可用来保鲜原料,而且可直接用来生产冰鲜品。用冰藏保鲜加工而成的冰鲜品有冰鲜牙鲆、冰鲜鲳鱼、冰鲜对虾、冰鲜鲅鱼等,主要出口日本。

2. 冰藏保鲜的工艺流程(以冰鲜牙鲆为例)

● 捕捞船操作工艺流程,如图 2—1 所示。

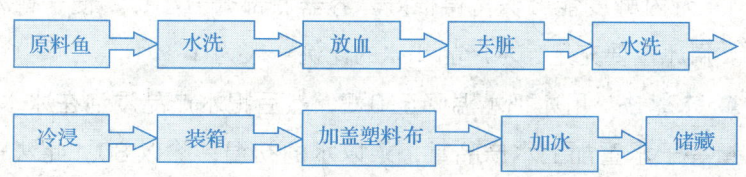

图 2—1 捕捞船操作工艺流程

● 加工船或加工基地操作工艺流程,如图 2—2 所示。

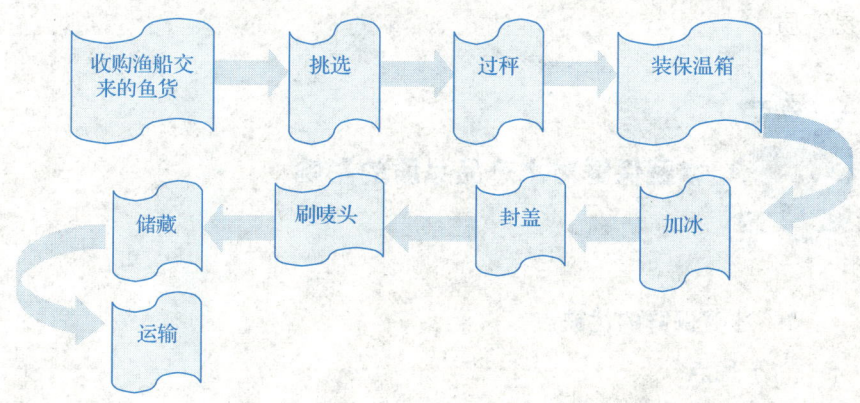

图 2—2 加工船(加工基地)操作工艺流程

水产品的商品化处理与配送

3. 冰藏保鲜的分类

● **撒冰法**　在容器或船舱底部铺上碎冰，壁部也垒起一定厚度的冰墙，将渔获物整齐、紧密地铺盖在冰层上，然后在上面均匀地撒上一层冰，这样一层冰一层渔获物一直铺到舱顶部，最上面一层要多撒一些冰，铺得厚一些。这样渔获物可被冷却到 0～1℃，一般在 7～10 天内鲜度能够保持得很好。容器底部开一小口，便于融冰水流出。用冰量要充足，水产品和冰的比例一般为 1∶1。

● **水冰法**　用冰把水温降至 0℃，然后把水产品浸泡在冰水中。用冰量等于水重加上水产品重，乘以水的初温，除以 80。此法一般用于迅速降温，待水产品冷却到 0℃时，即取出改为撒冰保藏。由于外热的传入，死后僵直热等，实际加冰量比计算值高。一般整个保鲜过程不都采用水冰法，因为浸泡时间长，水产品吸水膨胀，容易变质。

冰藏保鲜对水产品品质的影响

1. 冰藏保鲜的优缺点

（1）优点

● 不破坏细胞。
● 有效抑制有害微生物的活动及各种酶的活性。

- 延长保鲜期。
- 提高食品品质。

（2）缺点

可利用的温度范围狭小，一般为 -0.5 ~ -2.0℃，故温度带的设定十分困难；配套设施的投资较大。

2. 冰藏保鲜对水产品品质的影响

- 冰藏保鲜对微生物生长的影响　冰藏条件下的水分子呈有序排布，微生物可利用的自由水含量大大降低，从而有效抑制微生物的生长。新鲜水产品常带有大量的耐冷菌，而冰藏保鲜可显著降低耐冷菌的生长速度，同时引起食物中毒的代表性细菌（如沙门氏菌、变形杆菌、副溶血弧菌等）在 3 ~ 4℃ 以下停止生长繁殖，因此冰藏保鲜比冷藏更具安全性。

- 冰藏保鲜对风味的影响　当环境温度接近冻结点时，动植物细胞会相应地释放出醇类、糖类、氨基酸等可溶性分子来降低冻结点以维持不冻结状态。一些研究结果表明，在冰藏区内，鱼肉中有利于提高鱼肉鲜味的天冬氨酸、谷氨酸等氨基酸含量增加，而呈苦味的亮氨酸、异亮氨酸等减少，因此冰藏保鲜过的鱼肉口感和风味也有所改善。

- 冰藏保鲜对脂肪的影响　冰藏可抑制食品内部的脂质氧化、非酶褐变等化学反应。如，对鱼丸在冰藏（0℃）和冷藏（5℃）两种储藏温度下脂肪氧化程度检测结果表明，冰藏可明显抑制脂肪氧化反应速度。

水产品的商品化处理与配送

- **冰藏对蛋白质的影响（以鱼类为例）** 鱼肉的主要成分是肌原纤维蛋白，由冰藏的特点可知，冰藏保鲜的鱼处于不冻结的生鲜态时，由于不改变肌肉纤维的结构，且不发生蛋白质变性引起的一系列质构变化，其口感、风味及加工性能接近鲜活鱼的状态。

专家提示

冰藏保鲜的对象最好是刚刚捕获的或者新鲜度较好的渔获物。要保证渔获物与碎冰的良好接触，时刻观察所流出的融化水的温度、颜色和气味，如果温度高于3℃，颜色和气味发生异常，要立即采取补救措施，使之恢复正常。

冰藏保鲜的注意事项（以鱼类为例）

- **及时清洗**。在鱼捕获后，应尽快用清洁的淡水冲洗鱼体，无条件时也可用清洁的海水。必要时将鱼去鳃，剖腹，去除内脏，洗净血迹和污物。对于特种鱼或体形较大的鱼，要在鱼腹内加冰。操作过程防止细菌污染。

- **及时分级处理**。按品种大小分类，选出压坏、破腹、损伤的鱼，剔出不能食用和有毒的鱼。将易变质的鱼先做处理，避免长时间在高温环境中停留。

● 及时降温。用冰量要充足,冰粒要细,撒冰均匀,一层冰一层鱼,最上部还要加盖一层冰。

● 保持低温。进货前应预先冷却鱼舱,保鲜时舱底和舱壁要多撒几层冰。舱温控制在 -3 ~ 1℃。

● 注意冷藏卫生。鱼类冷却、冰融化后产生的冰水会流到下面的鱼体上污染鱼的表面,如果不排出,则可使鱼体膨胀,产生不良影响。因此,每层鱼箱之间可用塑料纸隔开,并要切实保证融水能从容器和鱼舱中排出。同时,注意随时观察融水的温度,不应超过3℃。若超过该温度,则需要加冰。对融水的颜色和味道也要注意,当带有腐败的臭味时,表明存在着冷却不充分的地方,必须进行检查。

● 保持空气畅通。冰藏鱼在鱼舱内进行保藏时,空气温度不可降到0℃以下,应保持在2℃左右,并需要经常敲打容器和鱼舱,以破坏局部形成的冰桥。空气温度若低于0℃,则接触鱼类的冰不能很好地融化,鱼体温度有冷却不下来的可能。这时融化的冰水也会重新冻结,并和其他碎冰之间架起冰桥,造成鱼体和冰之间产生空隙。由于鱼体和冰接触不良,冷却不充分,容易发生冰烧现象。

● 渔获物避免过量堆积。堆积过高,下面的鱼会被压烂。散舱最好用活动搁板堆鱼;如果不用,最多只能堆三层,再往上堆要搭搁架。

● 鱼舱、鱼箱等装载工具必须事前洗刷干净或进行消毒。

● 不同鲜度的鱼分别装箱装舱,以免坏鱼影响好鱼。

水产品的商品化处理与配送
SHUICHANPIN DE SHANGPINHUA CHULI YU PEISONG

● 尽量减少中转环节，渔获物运输、装卸、加工、销售各个环节，应尽量保持在低温条件下进行。

冷海水保鲜

1. 冷海水保鲜的概念

冷海水保鲜是将渔获物浸渍在 -1～0℃的冷却海水中保鲜的一种方法，主要应用于渔船或罐头工厂。冷海水有冰制冷海水和机制冷海水两种。冰制冷海水是碎冰和海水混合制得，机制冷海水是用机械制冷来冷却海水制得。

 **专家提示**

如将水产品浸在冷海水或冷盐水内冷却至0℃后取出改用冰保藏，则效果更好，其保藏期约为10～20天。

2. 冷海水保鲜的操作过程

渔船上冷海水保鲜装置如图2—3所示，操作方法如下：

● 预先向鱼舱中装入所需的海水，并用制冷机组冷却到-1℃左右备用。

● 渔获时，边向冷海水舱中装渔获物，边加入已拌好的冰盐，直到满舱为止。

- 加舱盖,然后注入海水,使之充满舱间空隙。
- 开动循环泵,使冷海水循环流动,促进冰盐溶化和渔获物的冷却。

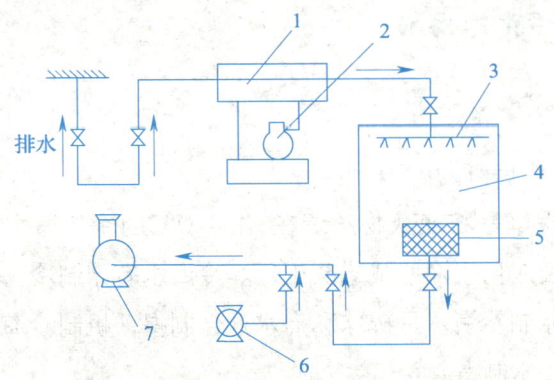

图 2—3　冷海水保鲜装置示意图
1—海水冷却器　2—制冷机组　3—喷水管
4—鱼舱　5—过滤网　6—船底阀　7—循环水泵

- 当冰盐全部溶化,海水温度达 $-1℃$ 后,即停止海水循环泵。
- 随时检查舱中的水温,根据水温回升情况,开动制冷机组和循环泵,使水温保持 $-1℃$ 左右。
- 海水中血污多时,应排出部分血污海水,补充新的冷海水。

3. 冷海水保鲜操作注意事项

- 船上冷海水保鲜装置通常由制冷机组、海水冷却器、鱼舱、海水循环管路、水泵等组成,为防止外界热量的传入,鱼舱四周上下均需隔热。

● 船体摇晃时会引起渔获物体表擦伤,操作时要求冷海水满舱,舱盖也要求水密。

● 渔船用冷海水保鲜装置采用制冷机和碎冰相结合的供冷方式较为适宜,不仅节省动力消耗,也有利于船上空间的有效利用。

专家提示

将渔获物装入鱼舱内,同时还要加冰和盐。加冰是为了降低温度到0℃左右,所用量与冰藏保鲜时一样;加盐是为了使冰点下降,所用量是冰重的3%。加入海水的量与渔获量之比为3:7。

冷海水保鲜的优缺点

● **优点** 冷海水保鲜的最大优点是冷却速度快,在短时间内可处理大量鱼货,特别适用于品种单一、渔获量集中的中上层鱼类。因为这类鱼活动能力强,入舱后剧烈挣扎,很难做到一层冰一层鱼摆货,脱冰层成为质量不好的"白鲜鱼"。加之中、上层洄游性鱼类血液多,组织酶活性强,胃中充满易腐败的饵料,尤其碰到大的网头,用冰藏往往来不及处理,鱼货在甲板上停留时间较长,造成鲜度迅速下降。针对这种情况,采用冷却海水保鲜方法操作简单,鱼货能

水产品的商品化处理与配送

迅速处理，鱼体冷却快，保鲜效果好，还可用吸鱼泵装卸鱼货，减轻劳动强度。

● **缺点** 冷海水保鲜的缺点是鱼体在冷海水当中浸泡，因渗盐吸水使鱼体膨胀，鱼肉略带咸味，表面稍有变色，鱼肉蛋白质也容易损失，在以后的流通环节中会提早腐烂。另外，船体的摇晃会使鱼体损伤或脱鳞；血水多时海水产生泡沫造成污染；鱼体鲜度下降速度比同温度的冰藏鱼快；加上冷海水保鲜装置需要一定的设备，船舱的制作要求高等原因，在一定程度上影响了冷海水保鲜技术的推广和应用。国外冷海水保鲜方法主要应用于围网渔船中、上层鱼类的保鲜和拖网渔船鱼类冻结前的预冷。

> **专家提示**
>
> 对中、上层鱼类的保鲜有两种方法：一种是把鱼体温度冷却至0℃左右，取出后改为撒冰保藏；另一种是在冷海水中冷却保藏，但保藏时间为3~5天，或者更短。

话题3　水产品的微冻保鲜

导读　水产品极易受到细菌和微生物的侵染而发生腐败变

质,传统的冷冻方法虽然能极大地延长产品的保藏期,但是冻结过程中冰晶的成长可导致产品组织结构的改变,冷冻伤害和解冻后的汁液流失现象也相当严重。近年来微冻技术正在兴起,采用微冻方法储藏的水产品不仅保证了产品细胞的完整性,还能保持其原有的色泽、鲜度、风味。因此,微冻保鲜产品必将有广阔的市场前景。

 **微冻保鲜简介**

1. 微冻保鲜的概念

● 微冻保鲜是将渔获物保藏在其细胞汁液冻结温度以下(-3℃左右)的一种轻度冷冻的保鲜方法,也称为过冷却或部分冷冻。在该温度下,渔获物体内的水分部分冻结,能够有效地抑制微生物的繁殖。

● 微冻温度为 -2 ~ -3℃,保藏温度为 -3℃左右,其保藏期可达 20 ~ 30 天。

 专家提示

微冻保鲜常应用于渔船上,以低温海水或低温制冷剂在渔获物之间循环流动,经微冻后保藏在鱼舱内。

2. 微冻保鲜的原理

● **微冻保鲜的基本原理** 利用低温来抑制微生物的繁殖及酶的活力。在微冻状态下,水产品体内的部分水分发生冻结,微生物体内的部分水分也发生冻结,这样就改变了微生物细胞的生化反应,某些细菌开始死亡,其他一些细菌虽未死亡,活动也受到抑制,几乎不能繁殖,于是就能使水产品在较长时间内保持鲜度而不发生腐败变质。

● **几种水产品的冻结点** 淡水鱼、淡海水鱼、洄游性海水鱼和底栖性海水鱼的冻结点见表2—1。

表2—1 淡水鱼、淡海水鱼、洄游性海水鱼和底栖性海水鱼的冻结点

种类	冻结点/℃
淡水鱼	0.2 ~ -0.7
淡海水鱼	-0.75
洄游性海水鱼	-1.5
底栖性海水鱼	-2

3. 微冻保鲜的特点

● 所需设备简单,费用低。

● 能有效抑制细菌繁殖,解冻时汁液流失少。

● 营养保持好,鱼体表面色泽好,所需降温能量少。

● 对温度的控制要求严格。

微冻保鲜的常用方法

● **加冰或加盐混合微冻** 冰盐混合物是一种最常见的简易制冷剂。冰盐混合在一起,在同一时间内会发生两种作用:一种是冰的融化吸热,另一种是盐的溶解吸收溶解热。因此,在短时间能吸收大量的热,从而使冰盐混合物温度迅速下降,比单纯冰的温度要低得多。

 小例子

　　一种鲤鱼低温制冷剂微冻方法:在淡水中添加1.6%食盐,制成-0.3℃的冰盐混合物,然后将鲤鱼切成段,用塑料袋包装后埋入冰盐混合物中,装箱微冻保藏。这样,鲤鱼在10天内还可做生鱼片;储藏1个月,也不会发生腐败。

　　注意:鱼体不能与融冰接触。

● **冷却微冻** 用制冷机冷却的风吹向渔获物,使渔获物体表面的温度达到-3℃,此时渔获物体内部一般在-1～-2℃,然后在-3℃的舱温中保藏,保藏时间最长的可达20天。其缺点是渔获物体表面容易干燥,需制冷机,增加成本。

● **低温制冷剂微冻** 由于制冷剂传热系数大,因此将渔获物浸在-1～-5℃低温制冷剂中进行冷却与冻结,速度很快。通常冷却使

水产品的商品化处理与配送

用的温度为 -3 ~ -5℃，盐的浓度控制在 10% 左右。但低温制冷剂微冻渔获物会褪色，肉内盐分增高。

 小例子

我国南海拖网渔船上对渔获物进行低温制冷剂微冻保鲜：在船舱中预制浓度为 10%～12% 的制冷剂，用制冷装置降温至 -5℃，渔获物经冲洗后装入放在制冷剂舱内的网袋中进行微冻。制冷剂温度回升又降至 -5℃ 时，渔获物的中心温度为 -1.5～-2℃，此时，微冻完毕。将微冻渔获物移入保温鱼舱散装堆放，并由冷风机吹风冷却，舱温保持 -3℃ 左右。

 **微冻保鲜的注意事项**

1. 水分控制

冷却微冻利用冷风，空气流动性大，水分容易蒸发。在冷却过程中可以在外层加以包装或覆盖，减少蒸发。

2. 温度控制

微冻保鲜的温度一般控制在 -3℃ 左右。微冻保鲜过程中有冰层生成，温度控制在保鲜中很重要。温度过高不能达到保鲜的效果；温度过低，冰晶增大，破坏组织细胞，使汁液流失、营养成分损伤，影

响产品的风味和外观。

3. 制冷剂浓度

制冷剂浓度是此项技术的关键,浸泡时间、制冷剂冷却温度也应有所考虑:

● 制冷剂浓度合适,凝固温度低于制冷剂温度,则-5℃不会结成冰,对制冷系统有利,不会堵塞系统。

● 制冷剂浓度过高,水产品与制冷剂之间的渗透压增大,使水产品偏咸,影响水产品的风味,一些蛋白质也会析出。

● 制冷剂浓度过低,凝固点就会高于制冷剂温度,则出现结冰现象,造成制冷系统堵塞,严重时还会冻裂管子和容器。

 专家提示

微冻保鲜时,综合考虑制冷剂浓度、盐水浓度、浸泡时间三者相关性,并结合降温设备和食盐成本等因素。经验值:盐水浓度10%,盐水冷却温度-5℃,浸泡时间3~4小时。

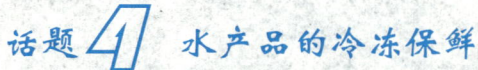

话题 4 水产品的冷冻保鲜

导读 冷却、微冻等保鲜方法,水产品温度在冰点以上,水

产品体内的水分并未全部冻结,细菌和酶也没有完全失活,所以,水产品体内的某些生化反应还在进行,只不过速度比常温要慢很多,保质期一般不超过20天。若想更好地抑制水产品腐败,长期保藏,最好的方法就是再降低温度,使温度在-18℃以下,这就是所谓的保鲜或冻藏。

冷冻保鲜简介

1. 冷冻保鲜的概念

在冻结装置中,将鲜水产品温度降低到其冰点以下冻结,并置于低温冷库或船舱储藏,以抑制产品腐败变质,延长水产品储藏时间。冷冻保鲜包括冻结及以后的低温冻藏过程。

 **小贴士**

冰点:水的凝固点,即水和冰可平衡共存的温度。

2. 冷冻保鲜的原理

● 冷冻保鲜法主要是先通过冻结装置对生鲜品进行速冻,以避免因缓慢冻结形成大冰晶、损坏细胞组织所导致的品质下降,故要求以0.635厘米/小时以上的前沿冻结速度在半小时内通过其生成最大冰晶的温度带(-1~-5℃),并直至平衡温度降低到-18℃以下(鱼品中心温度须在-15℃以下），再转入无升降温变化的-18℃以下低温库中冻藏。

 专家提示

温度越低可储藏时间越长，-18℃可储藏2～3个月，-25～-30℃可储藏1年。

● 降温可使水产品内的液体转变为固体，温度越低，液态水越少，腐败微生物、酶的活性越受抑制，同时，非生物的脂肪的氧化反应也受抑制，从而长期保持水产品的良好品质。

 专家提示

水产品在冻结之前，尚需一些特殊处理：

● 为减少鱼品在冻藏中的干耗损失，需进行挂冰衣处理，冰衣层的量以相当于鱼重的2%～3%为宜；在挂冰衣的用水中，加用海藻酸钠、甲基纤维素、聚丙烯酸钠等增稠剂，可防止鱼体龟裂。

● 为防止冻藏的鲆、鲽等白肉鱼类在解冻时损失大量流出液，需先用浓度为10%～15%的冷却盐水将鱼体浸0.5～1分钟，或用3%～5%的盐水浸鱼0.5～1小时；对冷冻鱼片也需先浸盐液，以减少损失。

冷冻保鲜分类法

冻结的方法主要有浸渍或喷淋冻结法、接触冻结法、吹风冻结法。

1. 浸渍或喷淋冻结法

将制冷剂浓溶液用冷媒冷却后,将水产品浸渍或喷淋进行冻结。此法冻结速度快,但容易损伤水产品的皮肤、鳞片,外观不好;制冷剂对设备的腐蚀严重。常用制冷剂冻结点见表2—2。

表2—2　　　　　常用制冷剂冻结点

制冷剂	溶液浓度/%	冻结点/℃
氯化钠	21.2	-19.4
氯化钙	30.3	-50.6
丙二醇	45.0	-25.0

 小例子

将鱼浸入已降温至-18℃的制冷剂中,待鱼体中心温度降至-15℃时冻结完毕,将鱼移出,并迅速用清水淋洗。

2. 接触冻结法

接触冻结法是目前使用最广泛的冻结方法之一。将冷却的液体或

水产品的商品化处理与配送
SHUICHANPIN DE SHANGPINHUA CHULI YU PEISONG

制冷剂通入平板冻结装置中,然后将水产品放置在冻结装置的平板之间进行冻结。平板冻结装置可分为平板立式冻结装置和平板卧式冻结装置。

● 平板立式冻结装置:将平板以垂直方向安装,将水产品放置在平板间。通过平板间的距离调节,使水产品与平板紧密接触。平板是空心的,以便制冷剂或冷却的盐水在其内流动。

● 平板卧式冻结装置:将平板水平方向安装,水产品放置在平板之上,装完水产品后,液压系统移动平板开始冻结。

 专家提示

● 立式装置的特点是水产品可散装冻结,不需事先包装或装盘。

● 卧式装置的特点是可以冻结鱼片、小虾等小型水产品,并使外形整齐有条理。但对厚度有一定限制,一旦上层平板与水产品接触不良,则形成单面冻结,造成冻结时间过长。

3. 吹风冻结法(以鱼类为例)

即以强烈的冷空气流吹经鱼体使之冻结。气流速度一般为3~5米/秒。这种方式的冻结装置有间歇操作与连续操作两种。

● 间歇式操作是将鲜鱼分装在冻鱼盘内送入速冻室进行冻结。

● 连续式操作是将鱼连续不断地随输送带送入冻结装置冻结后由装置的另一端送出。冻品在库房中的路程长且回转多,因此,可获得均匀的冻结效果,操作简单,劳动强度相对较小。

水产品的商品化处理与配送

 冻藏

水产品冻结后,在低温下储藏的过程,即冻藏。

1. 冻藏温度

冻藏温度对冻品品质影响极大,温度越低,品质越好,储藏期限越长。但考虑设备的耐受性及经济效益,一般冻藏温度设在-18~-30℃之间。我国冷库一般是-18℃以下。为保持冻结水产品的良好品质,国际冷冻协会推荐水产品冻藏温度为:少脂鱼(牙鲆等),-20℃,多脂鱼(鲐鱼等),-30℃。因此,冷藏库设计时最低温度应达到-30℃。水产品冻藏温度与期限的关系见表2—3。

表2—3 水产品冻藏温度与期限的关系 单位:月

种类	-18℃	-25℃	-30℃
多脂鱼	4	8	12
中脂鱼	8	18	24
少脂鱼	10	24	24
蟹	6	12	15
虾	6	12	12
文蛤	4	10	12

2. 冻藏对水产品品质的影响

与冻结保藏水产品质量有关的变化是产生析液、干耗以及油脂氧

化与蛋白质变性。

(1) 干耗

干耗指水分或冰晶吸收潜热变成水蒸气,凝结在蒸发器上形成霜,造成冰品的重量损害。

> **小贴士**
>
> 家用冰箱中蒸发器或容器上经常出现一层霜,也是这个原理。

● **潜热的来源** 主要是冻品本身,此外,还有外界通过围护结构传入的热量、冻藏室内电灯、操作人员发出的热量、开门带入的热量等。

● **对产品影响** 内部冰晶也会升华,使产品形成微细空穴,组织变成海绵状,产品和空气接触的面积大大增加,促进脂肪氧化,外观、风味、营养价值变差。

(2) 冰晶成长

冰晶成长,使冷冻产品中形成数目少而个体大的冰晶,水产品细胞受机械损伤,蛋白质变性,解冻时汁液流失增加,使水溶性的维生素、矿物质、呈味物质等随之流失,产品的风味和营养下降。

> **小贴士**
>
> 冰晶成长是冷冻水产品在冻藏过程中生成的微细冰晶不断减少或消失,而大型冰晶继续增大的现象。

水产品的商品化处理与配送

话题 5　水产品储藏保鲜中常见的问题与解决方法

导读　对水产品来说,如果能保持其品质不下降、质地和风味不变,生产经营者就能赢得季节和地理差价,消费者就能食用到各种鲜活品而非冻品,且能减少或消除食物中毒。我们可以从中看出保鲜在水产品中的重要地位。针对水产品储藏保鲜中常见的问题,应提出相应的解决方法。

冷却保鲜

？ 冰藏鱼在设置冷却管的鱼舱内进行保藏时,温度如何控制?

解答：冰藏鱼在设置冷却管的鱼舱内进行保藏时,空气温度不应过低。空气温度若低于 0℃,接触鱼类的冰不能很好融化,鱼体就有冷却不下来的可能。这时融化的冰水也会重新冻结,并和其他碎冰架起冰桥,造成鱼体和冰之间产生空隙。鱼体和冰接触不良,冷却不充分,以致发生变色和恶臭,这种现象称为冰烧。因此,空气温度不可降到0℃以下,应保持在2℃左右,并需经常敲打容器和鱼舱,以破坏局部形成的冰桥。

 冷却鱼类后融化的冰水,如何处理才不会污染其他的鱼?

解答:冷却鱼类后融化的冰水,流到下面的鱼体上会污染鱼的表面,因此有条件的话,可用硫酸纸或玻璃纸将鱼一条条或一箱箱地隔开,并要切实保证融水能从容器和鱼舱中排出。

 水冰法的注意问题有哪些?

解答:水冰法一般都用于迅速降温,待水产品冷却到0℃时即取出,改用撒冰法保藏。并不是整个保鲜过程都用水冰法,因为浸的时间过长,水产品肉会吸水膨胀、易变质。另外,在用冰冷却时,淡水鱼可用淡水加冰,也可用海水加冰;而海水鱼只许用海水加冰,不可用淡水加冰,主要是防止色变。

 冷海水保鲜过程中,海水所需的冷量是由什么提供的?

解答:海水所需冷量由制冷机组提供。机组由制冷压缩机、冷却盘管等组成,可分为热力膨胀阀直接供液和乙二醇作冷媒间

接冷却两种方式。后者由于采用间接冷却,海水温度容易控制,有利于消除冷却盘管表面结冰问题。随着制冷技术的发展,出现了电子式膨胀阀,这种膨胀阀可以直接对鱼舱冷却盘管供液,因而能够很好地控制制冷剂的蒸发温度,使得海水舱内的海水温度不低于其凝固点,能够有效地消除挂冰现象,提高盘管的散热效果,简化操作程序。

微冻保鲜

 加冰或加盐混合微冻中加盐量如何控制?

解答:冰中加入的盐越多,所得温度就越低,但盐加入过多,易渗透到水产品体中,影响水产品的口味。要使渔获物达到-3℃的微冻温度,一般在冰中加入3%的食盐即可。

 有人说微冻保鲜品解冻后容易腐败,这是真的吗?

解答:微冻保鲜抑制微生物增殖的效果肯定优于0℃保鲜,但微冻温度带来的最大难题就是容易生成冰晶,微冻保鲜鱼解冻之后更容易腐败。鲜鱼直接储于0℃达到腐败的时限是15天，-20℃冻结鱼解冻后储于0℃达到腐败的时限是20天。微冻鱼解冻储藏后，几天就腐败了。

> **原理**
> 　　-20℃冻藏鱼肌肉组织因冰晶成长而造成细胞脱水并缩小，但在微冻鱼肌肉中，冰晶破坏了一部分组织，并使一部分汁液流失。解冻后，微冻鱼组织复原的情况很差，细胞吸水不充分，肌肉组织破损很严重，更易于细菌的侵入和增殖。

？冷却保鲜、微冻保鲜和冷冻保鲜的区别是什么？

解答：冷却保鲜、微冻保鲜和冷冻保鲜的区别见表2—4。

表2—4　　冷却保鲜、微冻保鲜和冷冻保鲜之间的区别

项目 \ 种类	冷却保鲜	微冻保鲜	冷冻保鲜
温度/℃	0	-3	-18
储藏时间	6～14天	10～30天	1个月以上
对品质影响	品质保持较好	组织轻微损坏，汁液流失，水分蒸发，表面失去光泽	干耗，脂肪氧化，蛋白质变性，营养、风味损失

水产品的商品化处理与配送

 冷冻保鲜

 如何减少干耗?

解答: 为防止干耗,通常在冻品外加包装,或在冻品体外挂冰衣,并使冷藏库温度均匀、恒定,冻品周围的相对湿度保持在90%或以上。

如何防止大冰晶的过量形成?

解答: 冻藏温度的波动是大冰晶形成的主要原因。当温度略有上升时,水产品中一部分冰晶融化;温度下降时,水分迁移并冻结在冰晶上,使冰晶长大。要想改变这种状况,可从以下几方面解决:

● 低温冻藏:温度越低,冻结率越大。在-30℃以下冻藏时,即使温度略有波动,小冰晶也不易融化。

● 快速冻结:快速冻结可使鱼贝类中90%以上的水分冻结在原位置,使其来不及迁移就冻结,在通过-1~-5℃最大冰晶生成带时,停留时间很短。

● 严控库房温度,防止波动:-18℃以下冻藏时允许有3℃波动;减少开门次数、进出人数、开灯时间等,降低增加热量的机会。

 如何防止脂肪氧化？

解答：油脂的氧化酸败可因冻结而延缓但不能防止。为此，可用抗氧化剂如异抗坏血酸、二丁基羟基甲苯(BHT)、丁基对羟基茴香醚(BHA)等溶液浸渍，或挂含有抗氧化剂的冰衣。

 常见水产品冻藏温度是多少？

解答：对于需要保藏1个月至1年的水产品，必须以-18℃以下的低温冻藏；而对于易在储藏中变为褐、黑色的鲣鱼、金枪鱼等品种，及易于冻成海绵状的狭鳕等品种，则应以-35～-40℃的低温冻藏或更低的温度保藏。

第三讲　水产品加工与质量控制技术

话题 1　冷冻水产食品加工工艺

导读　我国水产资源丰富,水产品种类繁多,鱼虾贝藻风味各异,深受广大消费者的喜爱。水产品因具有低脂、高蛋白的特点,是合理膳食结构中不可缺少的重要组分,成为人们摄取动物性蛋白质的重要来源。但是水产品容易腐败变质,过去由于保鲜技术和加工工艺的落后,其利用率不高,很大一部分因变质、鲜度下降,只得丢弃或加工成鱼粉。随着水产品保鲜和加工工艺的改进,食用的比例有了较大的增长。在渔业发达国家中,已基本上做到了保鲜冷冻化、销售包装化、储运装箱化、品种多样化。从海上到陆上,从生产到消费,建立了完善的冷藏链流通体系,实行全面质量管理,杜绝了臭鱼烂虾的现象。水产冷冻食品是第二次世界大战后,特别是20世纪60年代以来,在欧美、日本等工业发达国家迅速发展起来的一种新兴冷加工食品。由于它只需要简单烹调或加热即可食用,减轻了家务劳动和公共食堂的劳动强度,适应现代生活节奏和副食品销售的需要,有利于改善民众膳食,因此受到广大消费者的欢迎。同时,水产冷冻食品的发展使水产食品加工从以保藏性为主，转向以提高食用价值为主，具有十分重要的意义。

冻结保藏的原理

鱼虾贝藻等新鲜水产品是易腐食品，在常温下放置很容易腐败变质。采用冰藏保鲜、冷海水保鲜和微冻保鲜等低温保鲜技术，可使其体内酶和微生物的作用受到一定程度的抑制，但并未终止，经过一段时间后仍会发生腐败变质，故而只能作短期储藏。为了能长期保藏，必须把水产品的温度降低至-18℃以下，使体内90%以上的水分冻结成冰，成为冻结水产品，并在-18℃以下的低温进行储藏。一般来说，冻结水产品的温度越低，其品质保持越好，储藏期也越长。

冻结保藏法的应用

● 当渔场远离卸鱼港口，捕捞航次间隔时间长，渔获物必须在海上进行冻结才能保持其优良品质。

● 渔业生产季节性很强，渔汛期时渔获物高度集中，采用冻结方法并进行低温储藏，可使销售量与市场的需求相适应。调节市场，

水产品的商品化处理与配送
SHUICHANPIN DE SHANGPINHUA CHULI YU PEISONG

稳定价格，鱼货的质量也有保证。

● 采用冻结方法保藏，还可有计划地向食品加工厂提供冻结水产品作为原料使用，也可将鱼类经采肉、漂洗、擂溃制成的鱼糜冻结起来，制成冷冻鱼糜，成为加工食品和鱼糜制品的中间原料。

● 此外，很多水产品都是以冻结品的形式出口，如冷冻对虾仁、冷冻鳕鱼片、冷冻翡翠贻贝等。

冻结保藏的优点

● 合理利用水产品资源。由于去头、去内脏等前处理是集中在工厂进行，就可以把这部分蛋白质资源利用起来，制作成高蛋白饲料，化废为宝，增加产值。

● 质优卫生，便于销售，食用方便，适应现代生活节奏的需要。

● 节省能量。水产品除去头、内脏等不可食部分后进行冻结冷藏，可节省能量，提高冷藏库的有效装载率。

冷冻水产食品的分类

按对原料的前处理方式可分为生鲜冷冻水产食品和调理冷冻水产食品。

水产品的商品化处理与配送

- 生鲜冷冻水产食品又可分为对原料进行形态处理的初级加工品（如冷冻鱼片、鱼段，去壳的虾、蟹、贝肉冷冻品）和经过一定加工拌料（调味料、配料）的生调味品，如裹粉鱼条、裹粉虾以及加料鱼片、鱼排及各种配搭的盘菜等冻品。

- 调理冷冻水产食品是指烹调、预制的冷冻水产食品。有油炸类制品，如油炸裹粉鱼虾制品、油炸鱼圆、油炸虾球等；有蒸煮类制品，如水发鱼圆、蒸鱼糕、鱼虾肉饺等；有烧烤类制品，如烤鳗鱼片、烤鱼卷、烤鱼糕等。调理冷冻水产食品不经烹调即可食用，或只需简单加热即成美味佳肴。冷冻水产食品的最大特点是食用方便，而且品种丰富、卫生安全，但在产、储、销的流通过程中必须实施冷藏链，物料保持在-18℃以下才能保持其优良品质。

图3—1列举了几种常见冷冻水产食品。

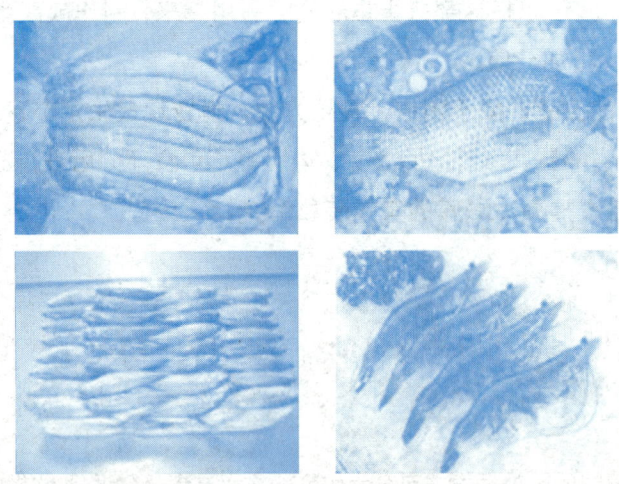

图3—1　几种冷冻水产食品

冷冻水产食品的生产方法

1. **生产工序（见图3—2）**

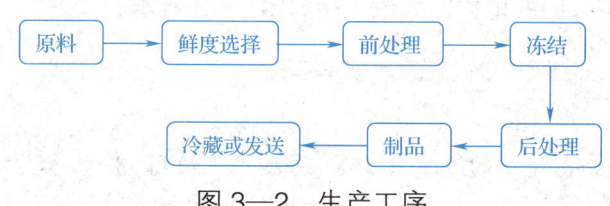

图3—2　生产工序

2. **生产工艺**

● **鲜度的选择**　作为冷冻水产食品的原料，其鲜度一定要好，这是极其重要的，因为原料最初的质量对冷冻水产食品的质量稳定性有很大影响。如果原料因冰藏天数太多引起鲜度下降，则加工出来的冷冻水产食品质量就低，而且冰藏中质量下降速度也快，储藏寿命缩短。

 **专家提示**

部分红色的金枪鱼肉、鲣鱼肉或鱼片，如果非常新鲜时快速冻结，则解冻时鱼肉会显著收缩变形，大量液汁向外流出，发生解冻僵硬现象。为了在消费者食用时能避免上述现象的发生，可选择解冻前将该冷冻水产食品放在-2～-3℃数天，让死后僵硬的

水产品的商品化处理与配送
SHUICHANPIN DE SHANGPINHUA CHULI YU PEISONG

生化变化缓慢进行,待提供肌肉收缩所需能量的 ATP 消耗完后再进行解冻,就可避免解冻僵硬的发生。

● 原料的前处理   原料的前处理是冷冻水产食品制造的主要工序,因水产品的种类不同,制品的形式、要求不同,其操作程序也不同,但仍有不少共同的地方,大致工序如图 3—3 所示。

 专家提示

鲜鱼要用清洁的冷水洗干净,海水鱼可使用 1% 的食盐水来洗,以防止鱼体褪色和眼球白浊。至于乌贼,使用 2%～3% 的食盐水保色效果更好。

● 冻结   冷冻水产食品经过前处理后,进入冻结工序。为了保持其高质量,必须采用快速深低温冻结的方式,冻结装置的中心温度必须达到 -15℃。

● 后处理   冷冻水产食品从冻结装置中出来,在送往冷藏库进行长期低温冷藏前,常常需要进行一些处理,其目的是为了防止长期冻藏中的品质变化和商品价值的降低。

● 冷藏   生产出来的冷冻水产食品应及时放入冷藏库进行冻藏。冷冻水产食品与其他冷冻食品一样,其温度必须保持在 -18℃。由于它与别的动物性食品相比品质稳定性差,特别是多脂肪鱼类储藏性更差,所以尽可能采用 -30℃ 的储藏温度。

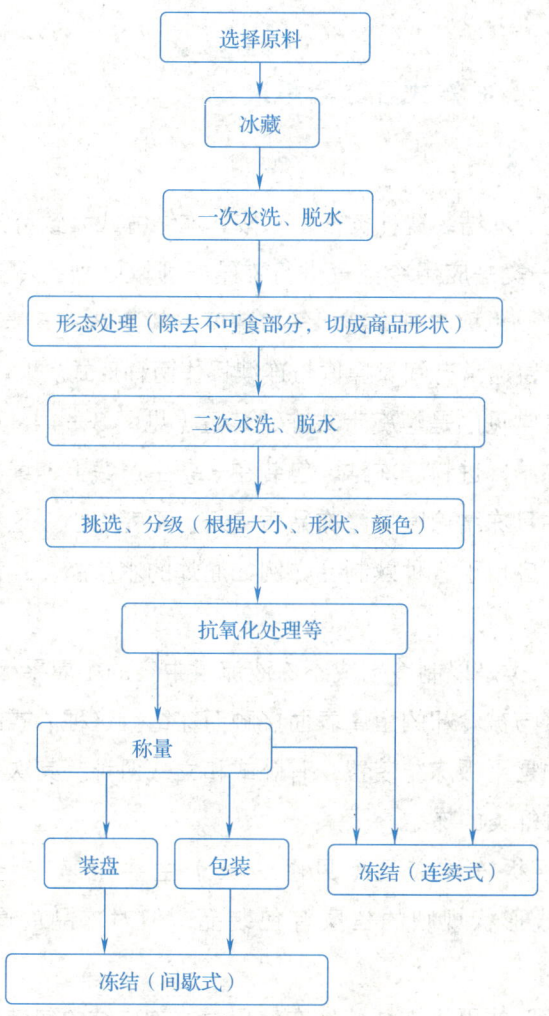

图 3—3 原料前处理主要工序

水产品的商品化处理与配送

冻方式及其常用设备

水产品的冻结装置种类很多,按其冻结方式大致可分为三类:

● 第一类是应用冷空气进行冻结,即以强烈的冷空气流经水产品使之冻结,也称吹风冻结。气流速度一般为3~5米/秒。这种方式的冻结装置通常有间隙操作与连续操作两种形式。

目前最常见的是螺旋带式冻结装置(见图3—4),这种装置的优点是连续冻结,进料、冻结、包装在一条生产线上连续作业,自动化程度高,并且冻结速度快,冻品质量好,干耗也小。这种冻结装置在国内外广泛应用于各种熟制品,例如油炸的水产品、鱼饼、鱼排、鱼丸等。

● 第二类是以制冷剂或不冻液流过中空的金属平板或金属夹套,水产品直接与被冷却的金属表面接触而冻结。这种方式的冻结装置使用最广泛的是平板冻结装置,有卧式和立式两种。其次是回转式冻结装置,适宜虾类的冻结。

卧式平板冻结装置(见图3—5)主要用来冻结鱼片、对虾等水产品或形状规则的鱼糜等包装品,但对冻品的厚度有一定的限制。

注意:卧式平板冻结装置在使用时,被冻结的包装品或托盘上下两面都必须与平板很好接触,若有空隙,则冻结速度明显下降。

图 3—4 双螺旋速冻机　　图 3—5 卧式铝合金平板冻结装置

● 第三类是应用冷却的盐水、丙二醇或液态氮、二氧化碳、氟利昂喷淋水产品，或将水产品浸渍在这些冷的液体中直接接触而冻结。这种方式的传热系数大，因而可获得较快的冻结速度。液氮喷淋冻结装置（见图 3—6）冻结水产品的优点是冻结速度快、冻品质量好、干耗小、抗氧化、装置效率高等。正是由于上述优点，液氮冻结在工业发达国家被广泛使用。但同时也存在一些问题：由于冻结速度极快，水产品表面与中心产生极大的瞬时温差，易造成龟裂。所以，冻品厚度应加以控制，一般以 60 毫米为限，另外，液氮冻结的成本较高。

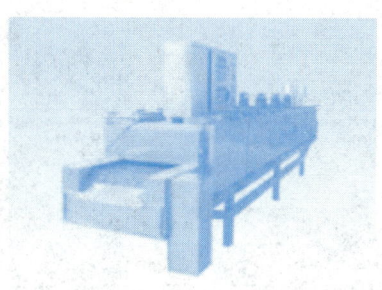

图 3—6 液氮深冷速冻机

水产品的商品化处理与配送

话题 2　冷冻水产食品加工实例

导读　古人品味,以鲜为首,甜次之,再次酸,复次辣,苦为殿。南方人以甲骨文"鱼"字为鲜,北方人以甲骨文"羊"字为美(甲骨文中,美字是"火烤羊羔"),南北过渡地带的淮北地区以"羊方藏鱼"为鲜,今所谓"鱼咬羊"也。古之造字者,集南北口味之同嗜于一字,将鱼羊合并而为鲜,这是很富哲理的。

鱼的鲜与不鲜,食用价值与经济价值都有悬殊差别。新鲜鱼类有一种鲜味,可以让人食欲增加、胃口大开。因此,人们都喜欢吃新鲜鱼,也想千方百计保持鱼类的鲜美。部分鲜鱼及加工品,如图3—7所示。

 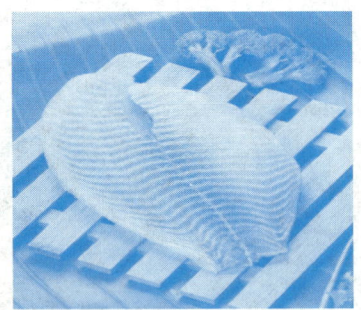

图3—7　部分鲜鱼及加工品

鲜鱼变质的原因

鲜鱼变质,一是鱼体自行消化;二是细菌的作用。鱼体中有一种消化酶,鱼死后这种消化酶发生作用,能自行消化分解机体,鱼肉就会腐烂变质。低温能减弱死鱼体内消化酶的活力。细菌寄生于鱼肠内及体表、鳃部,鱼活着的时候,细菌对鱼体一般无害。可是,一旦鱼死了,细菌开始侵入鱼体,破坏鱼体的化学成分,产生胺类的简单化合物,致鱼肉变质。同样,低温会使细菌的作用丧失。所以为了使保鲜效果更佳,最好速冻。

鲜偏口鱼加工实例

1. 冰鲜偏口鱼加工工艺流程

● 捕捞船操作工艺流程

原料偏口鱼(见图3—8)→水洗→放血→去脏→水洗→冷浸→装箱→加盖塑料布→加冰→储藏

● 加工船或加工基地操作工艺流程

收购渔船交来的渔获物→挑选→装保温箱→加冰→封盖→储藏→运输

水产品的商品化处理与配送

图3—8 偏口鱼

2. 工艺要点

● 原料　为保证冰鲜品的质量,原料处理务必及时。一般要求拖网时间不超过2小时。同时,在对原料处理时还必须做到轻拿轻放,严禁摔打鱼体;冲洗要适度,不得损坏鱼体表面的黏膜。

● 放血　去内脏且冲洗干净的鱼要当即从鱼体腹面尾部向上3厘米左右的脊骨部刺孔放血,孔宽1厘米左右(为使放血干净彻底,必须刺断脊骨);放净血后,接着在其背侧肛孔到鳃部斜开或纵开一个8厘米以内的刀口,然后用手将内脏取出,去脏要彻底干净;最后将鱼体洗净。

● 冷浸　去脏洗净后的鱼应立即放入0~5℃的冷海水中浸泡2~3分钟,使鱼体降温后,置于洗净的塑料箱中。

● 装箱　渔船上所用鱼箱不宜过大或过小,一般按鱼体长度来定箱的大小,箱内放鱼一般占箱容量的40%~60%。在鱼体上加盖好塑料布后再加冰,加冰量依气温条件而定,气温高时用冰量不得少

水产品的商品化处理与配送
SHUICHANPIN DE SHANGPINHUA CHULI YU PEISONG

于鱼重的 60%，冰面要低于箱高 1 厘米，以防码垛时压坏鱼体。装箱后要及时入舱。

● 扒运加工　加工船或加工基地自渔船上将鱼品原料接过后，应立即分级挑选，对于在渔船上储藏超过 48 小时的要严格检验其质量，过鱼时手工操作，轻拿轻放，严禁摔鱼箱。

● 水洗挑选　对质量好的鱼品根据其情况看是否需用水洗，若卫生条件好可不洗，若卫生条件不够理想，则要用 7℃以下干净海水清洗，然后按鱼品的质量、品种、规格分选，严防串等串级串品种。选好鱼后放入干净带孔的塑料箱内，控水 5 分钟后称重。

● 称重　挑选好鱼进行过秤定量，并在鱼箱上注明。控水后的鱼原则上不留水（但在实际生产中常酌情留水）。每箱装鱼量不超过 12 千克。

● 装箱　首先对泡沫箱进行预冷却，冷却方式有冰预冷和冰舱内预冷。然后将箱内衬一长方形尼龙袋，再加 4~6 袋约 2~3 千克的袋冰，将其摊平衬底，将鱼斜顺摆于冰袋上，头向双端，鱼腹向下摆好，上面再摊加几袋碎冰，再折上衬袋口，并立即加盖封箱，且箱底接触部要加免水胶带顺封一周。

● 封箱　将外包装纸箱底封好，然后将已封毕的泡沫箱外套一大尼龙袋，并将袋口折平封好，再将其装入外包装大纸箱中，封口。

● 储藏　包装好的鱼成品要存放在阴凉干燥处，有条件的可在不致冻结的低温下冷藏。

3. 保鲜偏口鱼不糜的简易方法

● 偏口鱼身体侧扁，呈片状，长椭圆形，有细鳞，左侧呈褐色，有黑斑点，右侧白色。两眼生在左侧，口大，牙尖，生活于浅水。成鱼一般在2～5千克左右，鱼肉鲜美，适于清蒸、煎炖、氽丸子、包水饺等多种食法。但此鱼捕捞上来后，鱼肉最易糜（不过1天），鱼肉一糜，便不鲜美，食用质量大为逊色。

● 预防的方法是：打捞上来后，当即在鱼尾4～5节脊椎骨处用刀斩开，放出淤血，然后冷冻；如1～2天内即要食用，放出淤血后，再剖腹去内脏，在腹部撒少许细盐，挂于荫凉处。这样处理过的偏口鱼，春秋季可保鲜2～3天。

冻带鱼加工实例

1. 原料的质量规格要求

原料鱼（见图3—9）的品质必须新鲜，色泽正常，不发暗；体形完整；鳃呈淡红色、红色或紫色；气味正常，无异味；肌肉应有弹性。外观不得干枯油黄。

2. 工艺流程

原料鱼→清洗→称量装盘→冻结→脱盘→挂冰衣→包装→成品

3. 操作要点

● 清洗　清洗用水温度要低，水质要好，冲洗速度要快，不得

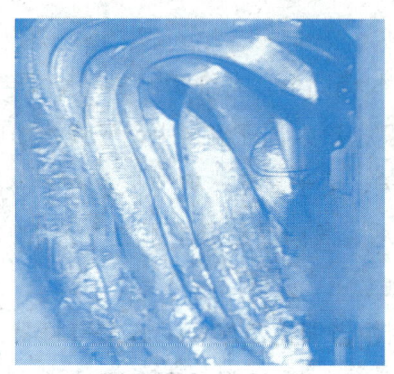 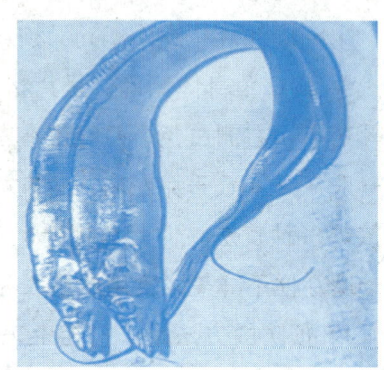

图 3—9 带鱼

泡洗。洗好后沥水一段时间。

● 称量装盘　装盘时要逐条进行细选,过磅时要加让水量。

● 冻结　装盘后要立即进行冻结,温度应在 -25℃以下,产品中心温度必须在 12 小时内降至 -15℃以下。

● 脱盘　冻结后的鱼盘放入清水中浸几秒钟后,将鱼块从鱼盘中取出。

● 挂冰衣　挂冰衣用水温度宜在 3℃左右,两次挂冰,冰衣要均匀。

● 包装　要求清洁、整齐、美观,内包装用高压聚乙烯塑料袋,内衬 1～2 张瓦楞纸垫。包装后写上品名、规格等参数。

● 冷藏　冰鲜带鱼必须置于 -18℃以下的冷库中储藏,库温波动不得高于 ±1℃。

专家提示

水产品以鲜为美，以缺为贵，所以人们常常在鱼市旺季冰存，以备淡季和年节食用。但冰箱也不能保证万无一失，一切事物都有个限度，冷冻食品时间长了也会变质。由于冰箱内湿度较大，而且几乎每天都要打开取送食品，污染的机会很多，许多细菌也仍在活动，食物中酶类的活性和氧化作用均未停止。所以，水产品在冰箱里冷冻的最佳时间是10～20天。尤其忌反复冷冻，反复冷冻会产生致癌物质。

冰冻水产食品时，往往冻结在托盘上，取用时很不方便。如数量稍多则冻成一个团，一次食用不了，化开后又需再行冰冻，而反复冷冻又是水产食品之大忌。解决的方法是：先在托盘内放一层干净的聚氯乙烯薄膜，再将需要冰冻的水产品分成若干个小袋包装，放进托盘。这样冻出来的东西，既不会粘在托盘上，又可一次食用多少就取出多少，不用整盘化取，既方便，又符合卫生要求。

话题 3　水产品腌制制品工艺

导读　腌制又称为盐渍。水产腌制品是具有悠久历史的传统食品，人们利用腌制的方法来保藏鱼的做法在历史上可能比所有

水产品的商品化处理与配送

其他的保藏食品的方法都要早。在西班牙的一处距离海岸线很远的地方,人们就发现了2万年以前人类生活过的山洞中有一些海鱼骨,这说明早在那时,人类就已经会利用某种腌制形式来保藏鱼了。

水产腌制品(见图3—10)在我国也是传统的水产品加工制品,许多品种在国内外享有盛誉,成为各地的地方特产。在很多沿海城市及渔区,都有一部分鱼类在捕捞上来以后在船上直接盐渍成为卤鲜鱼,或者是在鱼汛期间大量鱼货上市时加盐腌制,这样能够有效地解决市场上的供销矛盾。

图3—10 消费者喜爱的水产腌制品

水产品腌制制品市场前景

在干鱼、糟醉鱼、熏鱼和鱼类罐头的加工过程中,盐渍是一个重要的生产环节，在鱼类制品加工中具有很重要的作用，目前仍被世界各国所广泛采用。但是，随着冷冻、冷藏技术的发展，人们对健康的追求也从高含盐量向低含盐量制品方向转变，对水产品腌制的目的已经从为了方便保藏变为人们日常饮食中的口味调剂食品。因此，应当进一步改善传统腌制工艺，采用更先进的保藏手段，提高产品质量，生产出质优味美的咸鱼、酶香鱼、咸鱼子等腌制品，以满足人们的生活需求。而且，随着科学技术的发展，一些新的包装、杀菌技术在传统水产品加工中得到应用，使得这一类制品在当今仍然具有很广阔的市场前景。

水产品的腌制方法（以鱼类为例）

1. 干腌法

● 概念 干腌法就是在鱼表皮上直接撒上食盐进行腌制的方法。

● 操作方法 把鱼表面擦盐后，堆在架子上或者装在容器里，层与层之间还应当均匀地撒上盐，鱼体内的汁液被盐浸出来形成了卤水，通过卤水的扩散均匀地渗入到鱼肉内部。利用这种方法腌制需要靠鱼内的液体慢慢渗出，开始的时候盐分向鱼肉内部渗透比较慢，所以腌制时间也比较长。

水产品的商品化处理与配送

● 优缺点

优点：鱼肉脱水效率高，不需要特殊的设备来处理。

缺点：如果用盐不均匀容易产生鱼肉腌制的不均匀；因为脱水太多导致鱼的外观不好看；腌制过程中鱼肉与空气接触容易发生脂肪氧化（油烧），产生哈喇味。

2. 湿腌法

● 概念　湿腌法就是把鱼肉泡在盐水中进行腌制的方法。

● 操作方法　在坛子、桶或者缸里加入盐水，把鱼放进去腌制，可以一边加盐一边腌。一般用这种做法腌制鲑鱼、鳟鱼、鳕鱼、鲐鱼、秋刀鱼、沙丁鱼等。

● 优缺点

优点：由于鱼完全泡在盐水中，盐分能均匀渗入鱼体内；鱼不与外界空气接触，不容易发生油烧现象；不会使鱼过度脱水，腌制品外观和风味都较好。

缺点：盐的耗费量比较大；湿腌的鱼不能保存很长时间。

3. 混合腌法

● 概念　混合腌法就是把干腌和湿腌结合起来的方法，也是最普通的一种腌制方法。

● 操作方法　把鱼在干盐堆里裹上盐粒后，码在坛子或桶里，一层盐一层鱼放好，最后在最上层再撒一层盐，盖上盖子再压上重石。一天一夜左右，鱼肉渗出的液体会把周围的盐溶化成饱和盐水，再往里面加一些饱和盐水进行腌制，保持腌制过程中的盐水不被稀释。

● **特点** 盐可以均匀渗透，腌制早期不会发生腐败，能很好地防止油烧现象，腌制品外观也好看。

专家提示

不管采用哪种腌制方法，所用食盐的质量对腌制效果的影响都很大。如果盐里杂质过多（镁、钙多），会妨碍盐的渗透，造成鱼肉腐败，严重时会使鱼肉变硬并且苦涩，颜色像涂过粉笔灰一样。另外，食盐颗粒的大小也会影响腌制效果，精制细盐溶解快，但要防止结块产生，否则盐的渗透就不均匀；粗盐颗粒如果太大也会阻碍盐的渗透，造成初期鱼肉腐败。粗盐颗粒大小在直径4.5～6.5毫米最好，并且稍微增加一点腌制时间。

腌制用鱼的处理方法

鱼的大小决定是否要去除内脏整条腌制、去内脏剖开腌制还是切成鱼片甚至更小的鱼丁来腌制。像鳀鱼、小鲱鱼之类的小鱼可以不去内脏整条腌制，而较大的鱼，如果不去内脏就腌制，可能在盐渗入到鱼肉最中间之前就已经腐败变质了。

专家提示

我们都知道,盐水浓度越高,鱼吃盐就越快。但是,在有些情况下,最好不要用饱和的盐水,因为鱼干了以后会在鱼皮上形成一层白色盐霜,消费者购买的时候更喜欢表面光滑的鱼而不喜欢有盐霜的。

我国的传统水产腌制制品

● **酒糟鱼**　酒糟鱼是江西一带具有民族特色的传统佐餐食品,是以新鲜鲤鱼为原料,经过洗涤、盐腌、晒干后加米酒糟、白糖、白酒等发酵制成的,具有酒香味、米香味、酶腊香味三种香味,肉质紧密,有弹性,有嚼劲。如图3—11所示。

● **醉泥螺**　醉泥螺主要产于江浙一带,以新鲜泥螺为原料,用红糖和高度烧酒腌制。其味香甜脆嫩,咸中藏鲜,风味独特。如图3—11所示。

● **酶香鱼**　酶香鱼是广东、福建等地历史悠久的腌制品种。它是以鲥鱼、黄鱼、鲳鱼等为原料,用发酵方法加工的腌制品。其特点是鱼体自身的各种酶及自然沾染的微生物对鱼蛋白质进行分解,产生多种呈味物质,使酶香鱼制品具有特殊的酶香气味,同时更易于人体消化吸收。如图3—11所示。

水产品的商品化处理与配送

酒糟鱼　　　　　　醉泥螺　　　　　　糟香鱼

图 3—11　我国特色水产腌制品

● **风味即食鱼板**　风味即食鱼板以我国产量很高的淡水鱼（如草鱼、鲢鱼等）为原料，将传统的腌制、烘制及风干发酵等工艺相结合制作而成。其特点是腊香浓郁、咸淡适中、肉质紧密、外观和口感良好，保存期长，常温下可保存 8～10 个月。

话题 4　水产品腌制实例

咸鲶鱼干加工实例

● **加工流程**　腌制→刷晒→包装

● **原料要求**　鲶鱼新鲜（见图 3—12）最好，如果鲜度较差，只要没有腐败气味，不论个体大小都可以加工成咸鲶鱼干品（见图 3—13）。

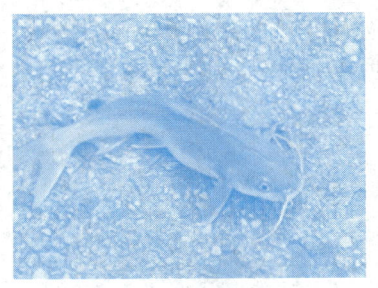
图3—12 鲶鱼

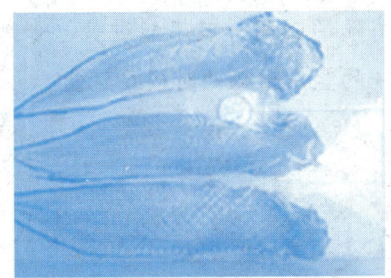
图3—13 咸鲶鱼干

● **操作要点** 按照5千克鱼750克盐的比例用盐把鱼拌匀,然后把鱼平铺在池子里,池底要提前撒一层薄薄的盐,池满后用一层盐封住。12小时以后,就会产生卤水,压上原料鱼重量十分之一的重石,腌5~7天就可以拿出来进行刷晒。把腌好的鱼捞出来,洗净沥干水后放在竹帘上晾晒。当晒至六七成干时,把鱼块堆积起来让水分扩散,两天后继续晒至全干。在晒的过程中,要翻动鱼身,并把个头较大的拣出单独晒制,这样才能干燥均匀。最后再晒一次后包装,打捆,用草片包裹,捆扎要结实。

● **质量要求** 加工好的咸鲶鱼干鱼体完整、洁净,呈灰褐色或黄褐色,无盐霜,可稍有泛油现象,肉质比较坚硬,干燥均匀,干度在九成左右。出成率一般在35%左右。

专家提示

刷晒的时候要注意,如果气温较高,要避免阳光直接照射,尤其是中午,可以用草帘或席子遮盖,防止高温对鱼的品质产生影响。

水产品的商品化处理与配送
SHUICHANPIN DE SHANGPINHUA CHULI YU PEISONG

> 腌渍的时间一般不能过长,如果在池中过夏天,则要再加三分之一的盐,出晒的时候要脱盐。

 **海胆酱加工实例**

● **加工流程**　原料→去棘洗刷→开壳→挖取卵黄→漂洗沥水→称重→浓盐水浸泡→沥水→腌渍→称重→成品包装

● **原料要求**　海胆(见图3—14)应当趁活加工,暂不加工的海胆可放在阴凉处,喷淋海水,以延长存活时间。紫海胆的直径在5厘米以上,马粪海胆的直径在3厘米以上。

● **操作要点**　把海胆放在小筐中,用手握住筐耳,前后搓转,将海胆外面的棘刺去掉,然后用清水冲洗干净。把海胆放在案板上,口部朝上,用刀沿口部边缘将其切成两半,用镊子或竹片将卵黄挖出,注意要尽量保持卵黄的原形。取出后,用水漂去杂质,放在纱网上沥水。把卵黄装进衬有纱网的小塑料筐内,然后把小筐浸入20%的盐水中5分钟左右。取出后充分沥水,在竹帘上铺上纱布,卵黄和精盐重叠放置,先在纱布上撒一层薄薄的精盐,然后均匀铺上一层卵黄,再撒上一层精盐,再放一层卵黄,最后均匀撒上一层精盐,总盐量为浸泡前卵黄重量的15%~20%,经过8小时左右的腌渍后即为成品。成品装入容器中,如需长时间存放,应放在10℃左右冷藏。

● **质量要求**　优质海胆酱应呈现海胆生殖腺的天然色泽，有淡黄、橙黄、红黄及褐黄等。软硬适度，呈明显的块粒状。如图3—15所示。

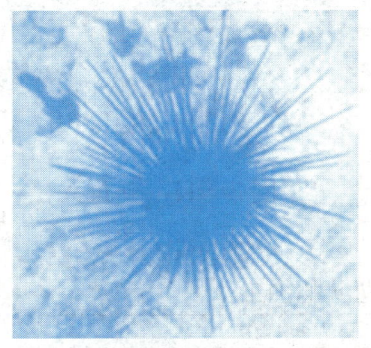

图3—14　海胆

图3—15　海胆酱

腌海蜇的加工实例

● **原料处理**　将新鲜海蜇的头部（口腕部，可制成海蜇头）与体部（伞盖部，可制成海蜇皮）分开，清除内脏和血液后，在伞盖部的肉面与口腕相连处用刀刮平，刮去血膜，再在腔内划直线刀痕或十字刀痕，以便明矾和盐的渗透。口腕则需各个分开，洗去附着的血液和残留的内脏，因为口腕部与伞盖部组织不同，腌渍时必须分别加工。如图3—16、图3—17所示。

水产品的商品化处理与配送

图3—16 海蜇

图3—17 腌蜇头

● 蜇头的加工（见表3—1）

表3—1　　　　　　　　　蜇头的加工

三次盐渍	腌制剂用量	操作要点
第一次	明矾0.5%	蜇头与明矾拌和，3～4小时后，洗净，换桶，再用明矾拌和12小时后取出
第二次	明矾0.4% 食盐8%	蜇头颈根向上，先撒明矾，再加食盐，10～12天，卤水过多可以除去，但是不能枯竭
第三次	食盐5%	换桶盐渍

● 蜇皮的加工（见表3—2）

表3—2　　　　　　　　　蜇皮的加工

三次盐渍	腌制剂用量	操作要点
第一次	明矾0.3%	蜇皮用少量明矾拌和，3～4小时后换桶，再用明矾拌和12小时后取出
第二次	明矾0.4% 食盐8%	用之前第二次盐渍时的卤水浸泡蜇皮1～2次，取出沥水，然后把明矾和盐拌匀，在蜇皮的中心敷一层，每张都撒上盐，重叠7～8张时就可以放到桶中，发现卤水过多就要及时倒掉，每加一层皮就要加盐，12～15天后取出
第三次	食盐5%	取出蜇皮，每张内外都撒少量盐，放到空桶中，1个月后完成盐渍

● **质量要求** 优质的海蜇,蜇头呈淡红色,蜇皮呈微黄色,质地松脆不坚韧。品质的关键在于食盐和明矾的用量,如果明矾量过多,则容易脆裂;量太少,则不松脆。

盐鲅鱼的加工实例

● **加工流程** 原料处理→去内脏→沥水→加盐→包装

● **操作要点** 取用新鲜的、脂肪含量较高的、体重在500克以上的鲅鱼(见图3—18),如果是冻鱼,则应选用新鲜度良好、速冻的鲅鱼,并且要在加工前一天晚上把冻鱼放入3%~4%的食盐水中解冻。把去内脏的鱼洗干净后,沥干水分。在鱼的两面均匀撒上盐,盐量为鱼重量的4%~5%。用纸箱或木箱包装,每箱装入6~8千克。

图3—18 鲅鱼

水产品的商品化处理与配送

> **专家提示**
>
> 加工冷冻鱼,不要等它全化开、鱼身全软了再操作,当然太硬了,刀切不动。只有微微解冻,刀切下去不太费劲的时候刚刚好。在鱼解冻后立即除去鱼鳃和内脏,这样有利于延长鱼的保藏期限。盐腌鲅鱼用盐量较少,既有腌渍品的风味,又不太咸,是目前市场占有率最高的加工品种。

话题 5　干制水产食品加工工艺

导读　近几年,随着人们生活水平的提高,"山珍海味"逐渐成为人们餐桌上的常见佳肴,节假日里,干制水产品由于其营养价值高和食用方便,成为人们馈赠亲朋好友不可或缺的高档礼品之一。从渔区传统干制加工品到工业化加工成品,干制水产品都深受消费者的喜爱,这种水产品是采用干燥或者脱水方法除去水产品中的水分,或配以其他工艺(调味、焙烤、拉松等工艺)制成的一类水产加工品。目前市场上销售的产品有鱿鱼干、虾皮、干贝、干海带、紫菜、虾米、烤鱼片、鱿鱼丝、休闲鱼干制品、海参、鲍鱼干等。如图3—19所示。

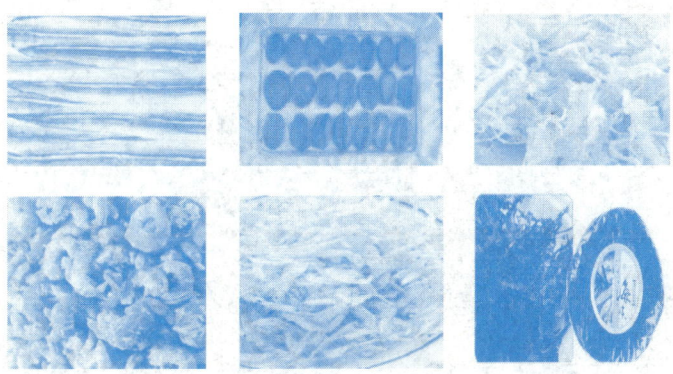

图3—19　部分干制水产品

 **我国食品干制法的发展概况**

　　食品干制法也称食品干藏法，在我国已经有上千年历史。自古以来，干制一直是保藏食品的一种基本手段。食品干制法，具有技术成熟，风味独特，机械设备完善，成本低，保藏效果好等特点。包括水产品在内的许多食品，都可以通过干燥的手段脱除其部分水分，从而抑制微生物的生长繁殖，既可以防止腐败，增强保存性；又可以增加食品的风味。目前，干制食品已经用于航天食品领域。

水产品的商品化处理与配送
SHUICHANPIN DE SHANGPINHUA CHULI YU PEISONG

干制水产品的加工原理

1. 干制水产品的原理

干制水产品（即干水产品）是靠自然热源（晒干、风干）或人工热源（机械烘干），通过加温去掉体内的水分，以抑制细菌繁殖和蛋白分解，加工后达到防腐的目的。干制水产品所含水分在40%以下，适于较长期保存。通常干制水产品体重为鲜品的20%～40%，体积也较小，便于储藏运输。干制品储藏的质量和食用味道优于腌制品。

2. 干制水产品分类

目前市场上销售的干制水产品主要分为两类：

● 产品经清洗、调味、蒸煮等预处理后干燥加工而成的干制水产品，这类产品工艺相对简单，有即食与非即食两种。

● 产品经清洗、剖片等预处理后再经调味、焙烤、轧松等工序加工而成的水产干制品，这类产品工艺相对复杂，产品一般为即食类。

干制水产品的干燥方法

● 日光干燥法　日光干燥法是利用太阳辐射的热促进水产品水分蒸发，再利用风带走原料表面的湿空气的传统干制方法。显而易见，

水产品的商品化处理与配送
SHUICHANPIN DE SHANGPINHUA CHULI YU PEISONG

这种方法历史悠久,无需其他的设备投资,具有经济实惠的优点。但是,其缺点也是不容忽视的,首先,其干燥条件无法受人为控制,必须在晴朗的天气进行。其次,干燥所用的原料和卫生条件不易控制。另外,紫外线的作用可以引起脂肪的氧化。因此,日光干制品很容易引起脂肪氧化,从而降低加工产品的品质。目前,工厂化生产主要采用日光干燥和人工干燥组合的方法,或使用简易的太阳能干燥器等。

● **热风干燥法** 该法是将加热后的空气进行循环,借此将原料加热,促进水分蒸发,同时除去原料表面湿空气层的加工方法。常用的代表性加工设备是热风干燥机和隧道式干燥机。该法的优点是效率高,工艺参数可控制。缺点是热空气可能会破坏原料中的营养成分,或者产生蒸煮味。

● **冷风干燥法** 该方法和热风干燥法相似,不同的是以冷风代替热风进行干燥,加工温度在 15～35℃。这样原料几乎不受到热的影响,故可以克服热风干燥的缺点,不易出现因为脂肪氧化或者其他的化学变化而引起的褐变,产品的色泽良好。但是该方法的使用具有局限性,只适用于小型多脂鱼。

● **真空干燥法** 真空干燥法采用压力降低、水分蒸发速度加快的原理。具体操作是将原料放置在密闭容器中,从外部缓缓加热,同时用真空泵抽真空,这样原料几乎不与空气接触。较之常压干燥,真空干燥法具有干燥温度低,氧化作用小,质地好,产品复水性好等特点。但是,美中不足的是其加工成本较高。

● **真空冷冻干燥法** 真空冷冻干燥结合了冻结和真空技术,具

水产品的商品化处理与配送

体操作方法是在真空条件下使原料中的水冻成冰晶,直接升华成水蒸气,从而达到干燥的目的。

真空冷冻干燥工艺条件为低温、低压,具有独特的优点:成品营养成分损耗小,结构、质地以及风味变化小,色泽和外观好,制品的多孔性结构使其复水性极佳。但是其运营成本昂贵,操作技术复杂,仅适用于生产一些高档产品,如:虾的冷冻干制品、海参的冷冻干制品。

 专家提示

光鲜煞白的烤鱼片(见图3—20)买不得,干制水产品要选择色泽自然均匀的(见图3—21)!光鲜煞白的烤鱼片一般含有超标的二氧化硫。人食用二氧化硫超标的产品,会导致慢性中毒,引发嗅觉迟钝、恶心、呕吐、免疫力下降,还会影响人体对钙的吸收,破坏B族维生素,引起腹泻。如长期摄入,还会对肝脏造成损害。专家提醒消费者,好的干制水产品一般色泽自然均匀,具有该品种的特有风味。

图3—20 光鲜煞白的烤鱼片　　图3—21 色泽均匀的烤鱼片

话题 6 干制水产食品加工实例

熟干贝加工实例

1. 生剥法工艺

● **脱壳** 将鲜扇贝壳表面用海水洗净后,用曲刃刀插入壳缝,剔出贝柱作干贝原料,其余部分(足、外套膜及内脏等)作为副产品加工处理。

● **洗涤** 将贝柱用清洁海水洗净,在网板上沥去水分。

● **水煮** 把海水烧开后,将洗净的贝柱入锅。第一次浮起时,掠去浮沫,至第二次浮起时立即捞出(煮久易碎)。如图 3—22 所示。

● **沥水** 将煮好的贝柱捞出放入烧开后晾凉的海水中,洗去贝柱上的污沫,沥去水分。

● **干燥** 传统方法为晾晒,现代方法多用微波炉或热风烘道烘干。

2. 熟剥法工艺

扇贝清洗→在海水中煮熟→取出→冷却→剥下闭壳肌→冷水中漂洗 1 小时→在 8% 盐水中煮沸 10 分钟→取出闭壳肌后用清水洗净→沥水→在 100～150℃烘干器干燥 50 分钟→晒干至水分 11%。如图 3—23 所示。

水产品的商品化处理与配送

图 3—22　熟干贝

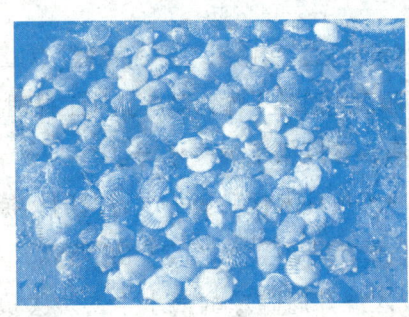 

图 3—23　扇贝

 **虾米干加工实例**

水煮法是传统的加工虾米干的方法，目前普遍采用此法。其加工方法如下：

- **原料处理** 在水煮前,必须先把原料虾按质量、大小分类。对混有沙和污物的虾,必须在清水中洗刷干净,剔除小虾、小鱼和污物。

 专家提示

为避免虾出现贴皮现象,在煮前要用冷水(最好用冰水)浸泡原料虾20分钟左右。

- **水煮** 取清洁的饮用水煮,水与原料重量比为4∶1。按水的重量加入5%～6%的盐。先把盐水烧开,再将原料虾投入锅中。煮沸过程中需不断掠去水面上的浮沫。每锅虾煮沸6分钟左右。

 专家提示

每煮一锅都要加适量的盐以保持盐水的浓度。若发现盐水变浑浊,需及时换水。

- **干燥** 虾米干燥的方法有晒干和烘干两种。将煮熟的虾捞入筐中,沥干水后出晒。如遇阴雨天气,则应薄摊于室内风干,切勿堆放,以免虾料内部过热而变质。出晒时,把虾摊在塑料网或竹帘上,要适当翻动,使其迅速、均匀干燥。有条件的可把熟虾稍经冷却后均匀摊放在烘竹帘上,推进烘道进行烘干。烘道温度宜保持在70～75℃,时间为2～3小时。如图3—24所示。

- **脱壳** 可用虾米脱壳机进行脱壳,也可手工剥脱。手剥的虾

水产品的商品化处理与配送
SHUICHANPIN DE SHANGPINHUA CHULI YU PEISONG

米色泽鲜艳，个体完整，成品率高。少量的干虾脱壳，也可把虾装进麻袋，两手持麻袋在水泥地板或石板上摔打，将虾壳脱掉。

● **包装** 将脱壳后的虾米过筛、分级，并根据虾米大小和外观质量分级包装。可用小塑料袋定量包，一般每袋 500 克，最后装入大纸箱。

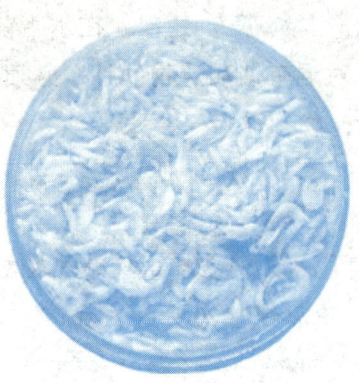

图 3—24 虾米干

烤鱼片加工实例

1. 工艺流程

原料处理→漂洗→盐渍→摆片→烘干→揭片→烘烤→轧片和整形→包装

2. 操作要点

● **原料处理** 选用鲜度好、个体大的去头、去皮、去内脏马面鲀或鳕鱼作原料（个体小、有异味或受机械损伤的应予剔除），先以清水冲洗干净，然后在流水中将两片鱼肉沿脊骨两侧一刀剖下，尽量减少脊骨上的鱼肉，剖面要求平整。

● **漂洗** 将剖下的鱼片在清水中洗净后放在水槽中，漂洗约半小时，每 10 分钟轻轻搅拌一次。

● 盐渍　将漂洗干净的鱼片捞出沥干、过磅。把称好的调味料倒入鱼片中,并小心搅拌均匀,放置渗透1~2小时,期间每15分钟搅拌一次。夏天室内温度太高时应降温。

● 摆片、烘干　经渗透过的鱼片,在塑料网片上摆片,一般情况下两片鱼片拼成一片。把摆鱼片的塑料网片放置在特制的小车上推入烘道中烘干。烘干时,温度应控制在40~42℃,最高不超过45℃。温度太高会影响鱼片的鲜度、质量。如图3—25所示。

图3—25　烤鱼片

 专家提示

烘干过程中要经常察看鱼片的干湿程度,一般用感官方法判定。要求含水量在18%~21%之间,烘干结束后应测定水分是否符合标准。

● 揭片　将烘干的鱼片用手工从网片上揭下。揭片时注意尽可能保持鱼片的完整,不要揭破,以免影响鱼片质量和规格。此时鱼片称为生片。将揭下的生片暂时放置在防潮的容器里。长期储存生片应

水产品的商品化处理与配送
SHUICHANPIN DE SHANGPINHUA CHULI YU PEISONG

包装好后在冷库中存放,但一般不要超过半年时间。

● 烘烤　将生片在清水中浸润片刻(时间长短视生片含水量而定)后放置5～10分钟,再把鱼片放在链式烤箱内烘烤。一般用电热烘烤,有条件最好用液化气烤箱,200℃以下2分钟左右,这样烤出来的鱼片熟而不焦、味香可口。

● 轧片和整形　烘烤出来的鱼片鱼肉组织紧密,不易咀嚼,须用碾片机压松,使鱼肉组织的纤维呈棉絮状最为理想。经碾压后的熟片放在整形机内整形,使熟片平整、成形、美观,便于包装。

● 包装　将熟片用托盘天平准确称量,装入聚乙烯袋中,热合封口。包装方式和每包重量可按市场销售情况确定,每小包重量应在标准重的±5%以内,但每批平均不低于净重。

盐干沙丁鱼加工实例

1. 工艺流程

选料→剖割→去内脏、鳃→洗涤→腌咸→洗涤脱盐→干燥→成品→包装→储藏

2. 操作要点

● 原料选择　多数是以远东沙丁鱼、鲱鱼、鳗鱼类的鱼种作为原料,捕捞这类鱼种应在其鲜度较好、脂肪含量较低的季节中进行。

水产品的商品化处理与配送

 专家提示

  脂肪多的原料易变质,从而导致产品质量下降。但是在一部分地区,为满足发货地的需要,多选择加工脂肪多的原料。

  ● **原料调理** 通过腹开或划线等形式剖割去除沙丁鱼的内脏和鳃。

  ● **水洗** 将调理后的原料浸渍在清水中或在缓慢水流中冲洗。通过水洗,去除附着于原料上的污物及鱼体表面的黏液及污血,而后放进竹筐,将鱼鳞面朝上,便于沥干水分。

 专家提示

  污血对水产品颜色和光泽有影响,所以去血时必须彻底。

  ● **腌咸** 腌制适干盐干品时将鱼体撒盐或擦盐,使盐均匀地分布在鱼体表面和剖开部位。若用缸、塑料桶等容器时,应先在容器底部撒一层盐,再装一层鱼,再撒一层盐,待鱼收缩至齐口时再撒封口盐。一般1 000千克加封口盐10～15千克,用盐量一般控制在10%～17%,腌制时间为5～7天。这样既可避免过咸,又可缩短干燥时间。鲜咸干鱼用浸渍法,浸渍法食盐水浓度应为5%～15%。

  ● **穿刺、洗涤脱盐** 将腌咸后的原料鱼进行目穿刺、面颊穿刺或者连穿刺,然后用清水洗掉鱼体上的黏液、盐粒和脱落的鳞片,放入净水中浸泡约30分钟,漂出鱼体表层的盐分、沥去水分后再进行干燥。

● 干燥　将穿刺品摊放在帘子上，或者用干燥钩架吊起来，用日晒或者机器进行干燥。日晒时要经常翻动，使鱼体干燥均匀。晒场应干燥通风，地势较高，中午要注意遮阴，防止烈日暴晒，晚上应及时收盖。晒至八成干时再加压一夜，次日再晒至全干，一般约经3天即可晒至成品。若用机器干燥，一般在初期用热风（约30℃）干燥1小时后，再用冷风（20℃）干燥1~2天较为适当。对鲜咸干品来讲，一般在冬季进行日晒干燥（数小时），在夏季和其他温暖季节，较多应用冷风机干燥（15~20℃，干燥数小时）。如图3—26所示。

图3—26　晒鱼干

● 包装、保管　将鲜咸干品装入发泡苯乙烯容器中，半干咸干品和适干咸干品可装入纸板容器中，加以冷藏和冻结保管。产品食味适当，从外观看，鱼体带有新鲜银色，对适干咸干品来讲，有细小皱纹的产品，一般认为其质量好。

水产品的商品化处理与配送

> **专家提示**
>
> 加工处理以腌咸和干燥为中心,但是不能轻视腌咸、干燥前后的处理。这是因为,除要求产品味道好外,还应注重产品外表的颜色和光泽。

话题 7　冷冻鱼糜和鱼糜制品加工工艺

导读　鱼糜制品是我国的一种传统食品,在我国烹饪史上相传已久。久负盛名的福州鱼丸、福建燕皮、云梦鱼面、山东等地的鱼肉饺子等传统特产便是我国鱼糜制品的代表。

作为一种工业化生产的鱼糜制品始于日本,早期规模较小。1955年日本北海道中央水产试验场的专家着手研究利用北太平洋蕴藏丰富的狭鳕,在研究中解决了原料蛋白质冷冻以后发生变化的问题,并在1959年成功研发一种新技术,使原来易腐败、廉价的狭鳕等低品质的鱼转变成制造高品质、富有弹性的传统鱼糕制品的极佳原料,这是传统鱼糜制品加工技术的一项重大改革,从而使鱼糜制品的产量大幅度提高。此外,还在鱼糜制品的品种上推陈出新,日本首先研制开发了模拟海味食品，诸如模拟蟹肉、模拟贝肉、模拟虾肉等，并于1979年投入美国市场，从而激发了美国水产品加工者的极大兴趣。中国在此时也看到了鱼糜制品工业的广阔前景，随着改革开放，沿海各地积极发展鱼卷、鱼香肠、模拟蟹肉、调理冷冻鱼糜制品的生产加工，如图3—27所示。

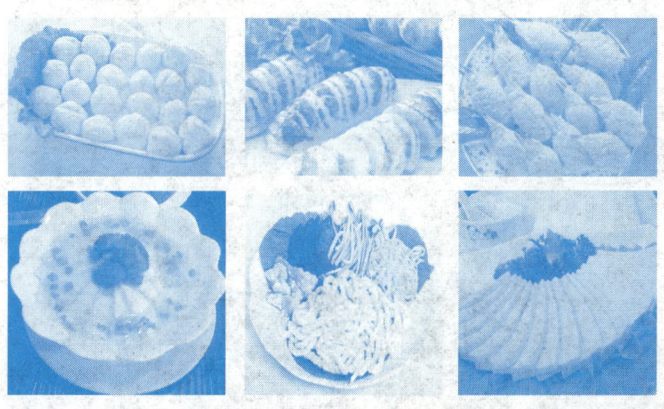

图3—27　各种鱼糜制品

鱼糜制品简介

鱼糜制品就是将鱼肉绞碎，经加盐擂溃，成为黏稠的鱼浆，再经调味混匀，做成一定形状后，进行水煮、油炸、焙烤、烘干等加热或干燥处理，而制成的具有一定弹性的水产食品。

在鱼的熟食加工中，对于某些暂不受大众欢迎的鱼，或那些低值

水产品的商品化处理与配送
SHUICHANPIN DE SHANGPINHUA CHULI YU PEISONG

鱼、小杂鱼和鱼片、罐头等产品加工中摒弃下来的可食部分，同样可以加工成为大众欢迎的食品。

 专家提示

生产鱼糜制品，不受原料品种的严格控制，只需选择鲜度良好的各种鱼肉作适当搭配，而且加工模式简单，无需复杂的机械设备，配料也简单，可以实现家庭作坊式加工，比较灵活。

鱼糜产品会有特定的鱼腥味，常常需要其他辅料和添加剂来改善其色香味。常用的辅助原料包括鱼糜用水、淀粉、植物蛋白、蛋清、油脂、明胶、糖类；添加剂包括品质改良剂、调味品、香辛料、杀菌剂和食用色素等。

 专家提示

鱼糜制品中的辅料和添加剂相对比较灵活，可根据产品的种类、质量的要求、市场的需求，还包括不同地区消费者的习惯和市场价格等因素来搭配使用，但是这些辅料和添加剂的质量和添加量必须符合相应的国家标准。

 **鱼糜制品的基本工艺**

鱼糜制品种类虽然很多，但其基本工艺过程是相同的，原料在经

水产品的商品化处理与配送
SHUICHANPIN DE SHANGPINHUA CHULI YU PEISONG

过采肉、漂洗、精滤后,添加食盐及其他辅料,再通过擂溃、成型、加热后冷却,制成鱼糜制品。其基本工艺流程如图3—28所示。

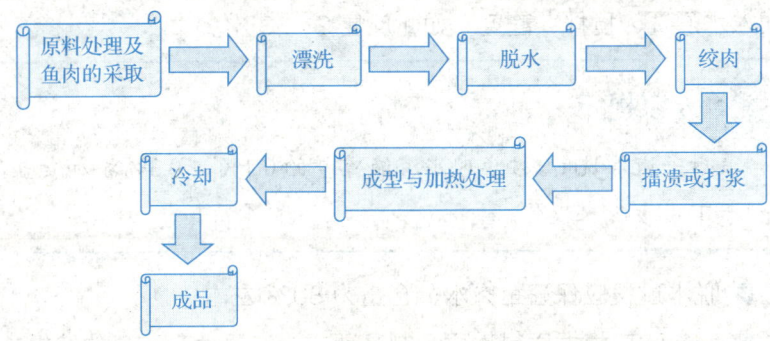

图3—28　鱼糜制品基本工艺流程

操作要点

● 原料处理就是去除鱼的头、鳍、鳞、内脏、骨、皮等,在采肉过程中,应防止皮、骨混入鱼肉中。

 **专家提示**

处理乌贼时应特别注意,须先洗净体表的墨汁及其他污物,分离头部与胴体,去除内脏。不可将墨囊撕破,以免墨汁污染胴体,影响肉质色泽;然后去除海螺蛸及表皮,洗净内膜,胴体即可直接用于绞肉。

● 漂洗一般采用清水漂洗法,以去除鱼肉中的有色物质、气味、

水产品的商品化处理与配送

脂肪、残余的皮及内脏碎屑、血块等。在鱼肉中加入其 3 倍左右的冷却水（10℃以下为宜），慢速搅拌 2～5 分钟，静置，清除表层漂洗液，再加入水漂洗、搅拌、静置。如此反复 2～3 次。

 专家提示

最后一道漂洗时，按鱼肉水溶液重量的 0.1%～0.3% 添加食盐，以利于下一步脱水操作。

- 脱水过程应保证鱼肉水分含量为 80% 左右。
- 绞肉时应根据原料性质和制品要求，选择适当孔目的绞板，一般绞 1～2 次。添加其他鱼肉、畜肉、青葱等，可在绞肉时一起混绞，其配比量按绞前重量计。
- 擂溃或打浆是鱼糜制品加工工艺中的重要环节。鱼糜温度一般应控制在 10℃ 左右，温度过高会形成豆腐状。擂溃时间一般需 20～30 分钟，以鱼糜产生较大的黏性为准。在此过程中一般还需加入淀粉、水及其他辅助材料。其中清水应在擂溃过程中分次加入，其加入量视鱼糜半成品所需的黏稠程度而定。

 专家提示

为使鱼糜温度控制在 10℃ 左右，可将鱼肉先冷却或在擂溃过程中加入适量碎冰，以维持这种低温状态，保证成品柔嫩可口。

- 经配料擂溃的鱼糜，根据各品种的不同要求，做成一定形状，再经煮、蒸、炸、烤、烘、熏或者用组合的方法进行加热。

● 加热完毕的鱼糜制品大都需要在冷水中急速冷却。急速冷却后如其中间温度还很高,可置于冷却架上自然冷却。

 小例子

将加热后的鱼糕迅速放入 10～15℃的冷水中,使鱼糕得以吸收加热时失去的水分,防止皱皮变黄,并使表面柔软和光滑。

 话题 8　冷冻鱼糜和鱼糜制品加工实例

 **鱼丸加工实例**

鱼丸是鱼糜制品中最常见的产品。因原料对鱼品种的选择要求不高,生产工艺和技术设备比较简单,且营养价值高,价格低廉,因而成为热销货。如图 3—29 所示。

1. 工艺流程

　　　　　　　　　　　　　　　冷冻鱼糜→解冻　备馅
　　　　　　　　　　　　　　　　　　　↓　　↓
原料鱼→去头、内脏→洗涤→采肉→漂洗→脱水→精滤→擂溃→成丸→加热→冷却→包装→冷藏

水产品的商品化处理与配送

图3—29 几种鱼丸制品

2. 鱼丸加工工艺

● **原料** 为确保鱼丸的较高质量,常选用含脂量不太高且具有白色肉质的较大鱼种,如海鳗、白姑鱼、梅童鱼、鲨鱼等海水鱼以及草鱼、鲢鱼等淡水鱼。此外,还要求原料鱼有较高的新鲜度。原料鱼如选择不当,则再好的加工工艺也不能确保鱼丸的良好弹性。

● **前处理** 包括去头、去内脏、洗涤、采肉、漂洗、脱水、精滤、解冻等。对于鳞径较小的鱼(如白鲢),为防止采肉时鳞的混入,采肉前需有除鳞工艺。

● **擂溃** 此工艺是鱼丸生产工艺中相当关键的工序,直接影响鱼丸的质量。在擂溃之前,需进行以下两步操作,一是用绞肉机充分绞肉1~2次,以减少擂溃所需时间;二是预冷,因擂溃后的鱼糜温度应控制在10℃以下,在擂溃之前要将它预冷到3℃以下。

 专家提示

● 为避免温度升高,在擂溃过程中可以添加冷水、冰水甚至碎冰,或选用带冰水冷却夹套的擂溃机。控制擂溃量,擂溃时间不宜过长。

- 擂溃时如空气混入过多，会受热膨胀，从而影响制品的外观和弹力。理想的方法还是采用真空擂溃。
- 配料添加顺序。首先加入盐、糖等品质改良剂，擂溃0.5小时左右，再加入淀粉和其他调味料。期间按规定量分次加入水，至所需要的黏度。油炸鱼丸较水煮鱼丸加水量要少一些，使鱼糜略稠，以防止入油锅后散开。
- 擂溃时间既要充分，又不能过长。可取一小匙鱼糜投入盛冷清水的容器中，如鱼糜浮出水面即可停止擂溃。

● **成丸** 生产数量少时可取手工成形。将大小均匀、表面光滑、无严重脱水现象的鱼丸随即投入一盛有冷清水的面盆或塑料桶中，使其收缩成型。鱼丸大小视当地消费习惯，一般为8~16克/丸。

> **专家提示**
>
> 成型时应高温，以避免温度过低而导致加热后成品出现外熟内生的现象。

● **加热** 氽水鱼丸用水煮。用夹层锅水煮鱼丸时，每锅鱼丸投放量应适当，一般在加热5~10分钟后鱼丸中心温度必须升至75℃，此时水温为85~95℃，保持2~4分钟后，鱼丸便全部浮起，表明煮熟。

水产品的商品化处理与配送

 专家提示

也可另辟蹊径,采用分段加热,先加热到40℃保持20分钟,再升温到75℃,这类制品较前者好,但增加了生产难度。

● **油炸** 油炸鱼丸时先选用油温不高的鱼丸定型锅,待鱼丸表面受热定型后,再转入另一锅油炸。开始时温度保持在180～200℃之间。

 专家提示

如用自动油炸锅则经两次油炸,第一次油温为120～150℃,第二次油温为150～180℃。鱼丸投入后油温必须下降20℃左右,油炸1～2分钟,呈浅黄色,即可捞起沥干。

● **冷却** 无论是水煮或油炸鱼丸,都必须迅速冷却,分别采用水冷或风冷。

● **包装** 包装前的鱼丸应凉透,同时按有关质量标准检验鱼丸质量,剔除不合格产品。

 专家提示

未凉透的鱼丸经冻结后在包装袋内可能会形成"白花",影响商品外观。

鱼面制品加工实例

鱼面、燕皮均是利用鱼糜,再加入面粉(或米粉、玉米粉、木薯粉等)及其他配料,按面条的制作方法加工而成。鱼面制品分生熟两种,与普通面条一样可用来煮食、炒食或炸食;燕皮与生鱼面仅是形状上有差异。燕皮一般为方形或圆形,可作包馅食品的外皮煮食。如图3—30所示。

图3—30 几种鱼面食品

1. 工艺流程

冷冻鱼糜→解冻
↓

鲜鱼→去头、内脏等→洗涤→采肉→绞肉→盐擂→拌擂→捏成块团→加淀粉碾成薄皮→蒸熟→干燥→切条或切方片→再干燥→成品

2. 鱼面加工工艺

● 原料 一般用新鲜的海水鱼或鲜活的淡水鱼以及现有的冷冻鱼糜。

水产品的商品化处理与配送
SHUICHANPIN DE SHANGPINHUA CHULI YU PEISONG

- **前处理** 采用冷冻鱼糜则经解冻切碎即可。
- **擂溃** 此环节十分重要,需一次完成空擂、盐擂、拌擂操作。生熟鱼面在配料上略有差异。此外,有些地方在鱼糜中加入一定比例的猪肉,成为肉燕皮。
- **捏成块团** 为方便后续操作,将擂溃完成后的配料鱼糜捏成小块,每块为250~500克。
- **加淀粉碾成薄皮** 在面团表面撒上淀粉,用碾板和木棍或用制面机将鱼糜团块制成薄皮。
- **干燥** 晒到六成干为妥。生鱼面、燕皮不经蒸熟而直接晒干。
- **切条、切片** 用手工或机器按要求切成条、方块或圆片。

 专家提示

切条:1~1.5毫米宽,15~20厘米长;
切方块:8厘米×8厘米或5厘米×7厘米。

- **再干燥** 将切成的条状、方块、圆片再日晒或烘干至干透。

 **鱼糕制品加工实例**

鱼糕在我国的生产不够普遍,而在日本销量很大,其中板蒸鱼糕为日本所独有,如图3—31所示。

水产品的商品化处理与配送

图3—31 几种鱼糕食品

1. 工艺流程

　　　　　　　　　　　　　　　　　　冷冻鱼糜→解冻
　　　　　　　　　　　　　　　　　　　　　　↓
原料鱼→去头、内脏→洗涤→采肉→漂洗→脱水→精滤→擂溃→调配→铺板成形→内包装→蒸煮→冷却→外包装→装箱→冷藏

2. 鱼糕制品加工工艺

● 原料　鱼糕是较高级的鱼糜制品,因此作为鱼糕生产用的原料,应该新鲜、含脂量少、肉质鲜美。尽量不用褐色肉,而弹性强的白色肉配比应适当增多。

● 前处理　对于弹性强、色泽白、呈味好的鱼种也可不漂洗。

● 擂溃　擂溃对确保鱼糕良好弹性尤为重要。操作方法是:按配方比例称取鱼肉,置于擂溃机内,先不加配料开动擂溃机一定时间,然后依次加盐擂溃,必要时添加适量的水,以形成一定黏性,再加其他辅料进行擂溃,约20～30分钟即告完成。

● 调配　在擂溃完成后,对于双色鱼糕、三色鱼糕,还需要将鱼糜着色调配。如制三色鱼糕,应先将原料分成三份,每份的配料见表3—3。

表3—3　　　　　　　　三色鱼糕原料的配料

第一份	鸡蛋清（6%）、红米粉（2.2%）、胡椒粉（0.75%，可适量），制成红色辣味鱼糜
第二份	鸡蛋黄（8%），制成黄色鱼糜
第三份	本色（白色）鱼肉糜

● **加热**　鱼糕加热方式有蒸煮、焙烤、油炸三种（见表3—4）。我国生产的鱼糕均是蒸煮鱼糕。

表3—4　　　　　　　　鱼糕的加热方式

蒸煮	一般蒸煮温度为95～100℃，中心温度达75℃以上。大型鱼糕加热时间以80～90分钟居多，小型鱼糕则以20～30分钟居多
焙烤	将鱼糕放在传送带上，以20～30秒的时间通过隧道式红外焙烤机，然后再烘烤熟制
油炸	油炸之前一般先进行蒸煮

● **冷却**　蒸煮完成后的鱼糕应立即放在冷水（10～15℃）中急速冷却，使鱼糕得以吸收加热时失去的水分。经过急速冷却后，鱼糕中心温度若仍然较高，还应置于晾架上在空气中自然放冷或冷风吹冷。应注意冷却室的空气净化及控温要求。

● **外包装**　在外包装前应用紫外灯对鱼糕表面进行杀菌。

● **冷藏**　包装好的鱼糕放入冷库（0～5℃）中储藏待运。

专家提示

　　一般制好的鱼糕在常温下（15～20℃）可存放3～5天，在冷库中可存放20～30天。

水产品的商品化处理与配送

鱼卷制品加工实例

  鱼卷是一种传统的鱼糜制品,起源于日本。因最初是将调好味的鱼卷用手工卷在直径1厘米左右的竹竿上,然后放在火上炙烤而制成,故又称"竹轮"。

  鱼卷属于焙烤类制品,其储藏、运输、销售等流通环节需冷藏,故现行制品又称为冷冻烤鱼卷。如图3—32所示。

图3—32 几种鱼卷食品

1. 工艺流程

原料鱼处理或者冷冻鱼糜解冻→绞肉→擂溃或打浆→混合→加盐

擂溃→拌擂→成型→焙烤→冷却→包装→装箱→冻结→冷藏

2. 操作要点

● 原料可以选取狭鳕鱼糜为主要原料，并适当加入一些鲨鱼的鱼糜；也可采用其他小杂鱼为原料，一般以50%的小杂鱼用量和50%的鲨鱼用量相搭配，以确保鱼卷的弹性。

● 擂溃前可采用绞肉机绞碎，为后续擂溃打浆做好准备。

● 经擂溃后的鱼糜，用手工在一根长棍上搓捏加工成长圆筒形，并按顺序存放在烤鱼卷机的架子上。

● 使鱼卷一面滚动，一面前进，最初用文火加热，使鱼卷表面形成一层没有深色的薄皮，然后再用约150～170℃强火加热，使焙烤表面产生纽扣纹式的焦斑，呈金黄色或深黄色。

 专家提示

焙烤时，可以在天然气、液化气等明火上放一块铁板，依靠辐射热均匀加热鱼卷。若希望产生诱人的金黄色，建议焙烤前在鱼卷表面涂上葡萄糖液呈色。

● 烤熟后的鱼卷，经空气冷却后，包装装箱，在-35～-30℃冷冻条件下快速冻结后冷藏。

 **专家提示**

注意冷却过程中的卫生条件，快速冷却后冻藏。

水产品的商品化处理与配送

鱼肉香肠、鱼肉火腿加工实例

鱼肉香肠、鱼肉火腿是仿制畜肉香肠和火腿的产品，但其工艺有所发展，凸显水产品特色。鱼肉香肠是在鱼肉或鱼糜中加入畜肉后绞碎，以调味品、香辛料调味，在其中加入其他辅助材料及添加剂后擂溃，脂肪含量大于2%，充填于肠衣中加热后成为成品。按需要可以添加淀粉、粉末状植物蛋白、其他黏结性材料、食用油脂、黏结增强剂、抗氧化剂、合成防腐剂。在鱼肉香肠中，鱼肉用量占成品总重量的50%以上，植物蛋白占20%以下。如图3—33所示。

图3—33　几种鱼香肠、鱼火腿

鱼肉火腿是在盐渍鱼肉、盐渍畜肉或者盐渍鸡肉中，加入植物性蛋白和动物脂肪，再加入辅助材料如淀粉、明胶等和调味品、香辛料混合后，加入鱼糜混合，充填于肠衣中加热制成。按照需要也可以加入黏结增强剂、抗氧化剂、合成保存剂等。在鱼肉火腿中，鱼肉用量必须占成品总重量的50%以上，植物性蛋白只能为20%以下。

1. 一般加工工艺流程

原料鱼→去头、内脏→洗净→采肉→漂洗→脱水→擂溃或打浆→混合→灌肠→结扎→加热→冷却→外包装

2. 操作要点

● 原料鱼主要选用金枪鱼、狭鳕、鲨鱼、鲸鱼，以金枪鱼为最佳；还可利用现在高产低值的小杂鱼、淡水鱼等开发此产品。

● 在制作鱼肉火腿时，原料畜肉应剔骨，切成1.5～3.0厘米的方丁，需要先腌渍，即将切块后的鱼肉、畜肉等进行发色及其他调味料处理，控制好腌渍的条件，鱼肉、畜肉分别腌渍，以防止串味。

● 擂溃时尽量减少空气混入，确保成品中的气孔量降至最少；对于添加畜肉的香肠，应将畜肉充分搅拌后加入鱼糜中，然后再按工艺配方添加淀粉、植物蛋白、调味料、着色剂等其他配料。

● 在混合制作鱼肉火腿时，将腌渍鱼肉、猪肉小块与擂溃的鱼糜拌和均匀后，直接灌入肠衣。

 专家提示

鱼肉或者畜肉块应占成品重量的20%以上；猪油用量为7%～10%，切成如黄豆粒大小的小块；鱼糜用量占成品重量的50%以下。

水产品的商品化处理与配送

- 将上述混合的鱼糜灌入猪肠衣或合成肠衣中,猪肠衣在使用前需用40℃温水浸泡2~3小时,洗涤,检查是否有破洞,发现破洞处应剪断,另起一节。

- 充填入肠衣的鱼糜最好九成满,十成满容易破肠。充填完后应及时将两头用棉线结扎,一般8根连1串,每两根之间只需将肠衣扭几圈就行。

- 结扎好后,用清水洗去表面的杂物,使肠衣表面清洁光滑,以确保肠衣毛孔的透气性。

 专家提示

若发现充填好的肠衣中存在气泡,应用针刺破肠衣将气体放出,防止煮熟后出现较大空隙。水温建议为85~90℃,水煮时间为35~60分钟;或者采用85℃水煮10分钟,再用90℃水煮50分钟的方法。

- 加热后及时迅速冷却。水煮香肠直接采用清水冷却。

 专家提示

注意冷却水的卫生。再则冷却后,肠衣容易产生很多褶皱,可以采用95℃左右热水浸泡20~30秒钟后,立即取出自然放冷的方法展皱。

- 将整形后的制品以冷风干燥表面,检验合格后贴上标签,然后装箱入库,低温储藏。

话题 9　罐头水产食品加工技术

导读　现在市场上的罐头琳琅满目,品种众多,可是在很早以前,并没有这种产品。19世纪初,世界贸易逐渐发展起来,很多海员长期生活在海上,吃不上新鲜的蔬菜、水果,有的海员甚至患了坏血病。为了解决这个问题,法国拿破仑政府用1.2万法郎的巨额奖金,征求一种长期储存食品的方法。很多人投身于研究之中,1804年,有个厨师兼糖果作坊老板尼古拉·阿佩尔（Nicolas Appert）发现,装在玻璃瓶中用软木塞密封的食品,用热水加热后,瓶中的食品不会变质。为此他潜心研究,终于发现先加热食品,然后把它密封起来与空气隔绝,就可以长时间保存食品,1809年拿破仑奖励了艾伯特1.2万法郎。这就是罐头的前身。1869年彼得·杜兰（Peter Duland）获得了用镀锡铁皮罐密封食品的专利权,从此以后罐头制品风靡全世界。在20世纪50年代末至60年代期间,美国陆军Natick开发中心在企业的协助下,为了开发新的军用食品,首先开发了塑料袋容器,这标志着软罐头的诞生。1969年,日本率先在世界范围内,开始了真正的商业生产,成为当今世界上最大的软罐头食品生产国。如图3—34、图3—35所示。

水产品的商品化处理与配送

图3—34　鲳鱼罐头

图3—35　金枪鱼罐头

加工原理

　　把食品装入金属罐容器内，排气后密封，为使内容物呈商业性无菌状态而进行加热处理的就是罐头食品。

　　水产品罐头特征是在具有气密性的容器里装入食品，经商业性杀菌（commercial sterilization），使食品在常温下能够长期保存。蒸煮袋食品除了容器和密封方法不同以外，与罐头食品有大致相同的特征。

 专家提示

　　罐内的微生物即使没有完全杀灭，只要加热处理后，细菌的繁殖不会引起内容物的腐败，不产生毒素即可。因此，从细菌学角度讲，在保证罐头储藏性的前提下进行的最低程度的热处理称为商业性杀菌，因此商业性杀菌是安全的。

农产品加工与经营知识普及丛书
NONGCHANPIN JIAGONG YU JINGYING ZHISHI PUJI CONGSHU

水产品的商品化处理与配送

 **一般加工工艺流程**

原料验收→冻品解冻→原料处理→盐渍→预热处理→装罐→排气→密封→杀菌→冷却→保温→检验→包装

 **加工操作**

1. 原料验收、前处理

将原料进行预先解冻、水洗、去头、去内脏等前处理。

 **专家提示**

原料的好坏在很大程度上决定了以后产品的质量,好的原料是生产好产品的先决条件,验收时鱼货必须逐条挑选。鲜度的鉴定一般都采用感官鉴定法。原料验收以后,投入生产或迅速冻结冷藏,为防止鲜度下降,通常都采用加冰保鲜或低温储藏(1~5℃)这两种方法。

2. 盐渍

罐头食品含盐量一般控制在1%~2.5%以内。盐渍是从去内脏、去头等操作开始，直到预热、干燥、烟熏等连续过程的一道工序，盐渍时间较短，因此在此过程中水分去除不多。在浓度（W/V）低于21%的盐水中浸渍后，鱼肉净重可能有所增加。盐水中也可加入其他增添风味的物质。

● **盐水浸渍法** 盐水浓度一般为6%~15%，盐渍时间10~20分钟。盐渍时，将原料按大小分档分别进行，盐水用量以使鱼块完全浸没为准，并加以搅拌，以利于盐渍均匀。盐渍结束后，要沥去盐水，并用清水冲洗一次，再行沥干，然后可进行预热处理或灌装。

● **拌盐浸渍法** 盐渍时，在定量的原料中加入适量的精盐，拌和均匀，让盐慢慢渗入其中。原料在盐渍过程中，不仅不产生水分，而且在食盐的作用下会脱去一部分水分，故盐渍后可直接进行预热处理。此法具有操作方便的优点，但盐渍不均匀。

 专家提示

　　盐渍的主要目的是进行调味，增加最终产品的风味，还可以使鱼肉组织变得结实，以利预热处理和装罐。通常使用盐水浸渍法。

3. 预热处理

　　在罐头生产中，把原料盐渍以后的预煮、油炸、烟熏等都称为预热处理。

水产品的商品化处理与配送

 专家提示

  预热处理能使原料脱去一部分水分，使蛋白质凝固，从而使组织致密，具有一定硬度，便于装罐。原料脱水以后，便于调味液充分渗入，以增加食品的风味和保证成品固形物的含量。预热处理尚能杀灭附着的大部分微生物，对保证杀菌效果起辅助作用，还能增进制品的风味和色泽。

  ● **预煮** 对油浸、茄汁类等罐头，预煮采用蒸煮法。过程为：将盐渍并沥干后的原料定量装罐，放入排气箱（蒸缸、杀菌锅均可）内直接用蒸气加热蒸煮，温度约为100℃，蒸煮时间一般为20～40分钟；蒸煮后，将罐头倒置片刻，使罐内汤汁流尽；之后应立即注入液汁，加盖，排气，密封。

 专家提示

  若后续工作跟不上时，可在蒸煮前往罐内加适量稀盐水以浸没原料块，或在罐头表面加盖洁净的纱布，使罐头在脱水完成后，不使控水后的半成品搁置过久。目的是以免罐内鱼、贝肉暴露在空气中过久，使颜色变深、变暗，影响成品外观。

  有些罐头可以采用原料与调味液共煮（闷烤、炆）来进行预热处理，目的是增加特色风味。

● 油炸 在鱼类罐头中,以油炸作预热处理的较为普遍。油炸时,先将植物油或猪油加热至沸腾后,把分档沥干的原料投入锅中,投入量约为锅内油量的 1/15～1/10,待表面结皮后,立刻将原料块抖散,以防粘连,产生白斑现象。油温一般控制在 180～200℃,油炸时间一般为 2～5 分钟。油炸过程中产生的碎屑应及时除去,并经常补充新油,否则影响产品质量。

● 烟熏 烟熏是熏鱼罐头生产中预热处理和调味所不可缺少的重要工序之一。烟熏分为冷熏(温度控制在 40℃以下)和热熏(温度控制在 40℃以上)两种。通常普遍采用的是温度控制在 40～70℃的温熏,原因是温熏熏制时间较冷熏短,制品的色香味也较冷熏为好。温熏包括烘干和烟熏两个过程。烘干时将经处理后的鱼片,按大小分档,以绳子定量地串挂在烘车上的网片中,鱼片间有一定间隙,在烘房中以热空气烘干。开始时温度为 50～60℃,随后缓慢升温,最后烘温可达 65～70℃,当鱼片表面烘干至干结不黏手时即达到要求。如果过干,熏烟不易沉积、渗透,使上色困难;过湿熏烟沉积过多,甚至灰尘也黏结在鱼片表面,造成颜色发黑、鱼肉味道发苦。温度要适当,烘温过高,鱼片表面结皮、内部包水;烘温过低,烘干的时间延长,严重时会引起鱼片腐败变质。发烟材料可用木材、谷壳、玉米芯等,所用木材要求树脂含量少、无腐烂,否则会使熏制品发黑,味道发苦。另外,应注意木材的含水量。湿木材燃烧时,烟中含有大量烟点、灰尘微粒和较多酸类,造成熏制品黑、脏,并带有难闻的气味。

4. 装罐

装罐即将称好的鱼块和液汁装入罐头中。

 专家提示

称重时应该把鱼块、头尾段以及鱼块颜色进行合理搭配，从而保证罐头的外观、质量，并且可以提高鱼肉的利用率。把经称重的鱼块装入容器时，须排列整齐紧密、块形完整、色泽一致、罐口清洁，且不得使鱼块伸出罐外，以免影响密封。

5. 排气与密封

（1）排气

排气的必要性表现在以下两方面：

● 防止罐头在高温杀菌时，由于罐内空气、蒸气的膨胀，使罐内压力大为增加。由于内外压力不平衡造成的焊缝开裂而导致泄漏，是罐头食品变质的最常见原因。

● 减少食品在高温杀菌过程中营养物质的破坏并延长罐头食品的保藏期。由于加热过程中，食品中的维生素在有氧条件下破坏较多，无氧条件下较为稳定，因此排气有利于食品中维生素的保存。操作时真空室中的真空度一般不应低于53.29千帕。

（2）密封

密封是借助封罐机完成的。马口铁罐的密封主要靠封罐机的两道滚轮，将罐盖与罐身边缘卷成双重卷边。罐头玻璃瓶的密封是借助封罐机一道滚轮的滚压作用实现的。软罐头的密封是靠袋口内层材料通热熔融压合而完成的。

6. 加热杀菌

各种水产品罐头均采用高压杀菌。这种方法比较方便可靠，并且对原汁、鱼糜等生装食品具有增进食品风味、软化食品质构的作用。但由于杀菌时间长、温度高，对许多水产类食品的营养与风味成分都有一定的破坏作用。因此杀菌强度需要控制。

7. 冷却

使物品的温度降至约40℃。必须采用向高压杀菌锅中边充入空气边冷却的加压冷却方式。

常见的罐藏容器

罐藏容器（见图3—36）是盛装食品的重要器具，对罐头食品的长期保存具有非常重要的作用，而容器的材料又是至关重要的，所以罐藏容器必须满足对人体无害，不能与食品发生化学反应，密封性能好，抗腐蚀，耐高温，便于工业化生产，耐冲压、携带和食用方便等要求。常见的罐藏容器包括：

● 金属罐　金属罐是罐头生产中使用最广泛的一种容器。金属罐的特点是：阻隔性好，耐热、传热性好，机械强度大，可视性差，素铁罐不耐腐蚀，成本较高。

水产品的商品化处理与配送

- **玻璃罐** 玻璃罐的优点是价格便宜,透明,能很好地展示食品,耐腐蚀,易回收,传热性能不如金属罐。缺点是重量大,易破碎。

- **软罐** 软罐容器指耐高温蒸煮的复合薄膜袋,也称蒸煮袋。软罐的材料是由三层结构的不透光、气、水,并具有增强作用和耐热的材料组成的薄膜,即复合膜。蒸煮袋的优点是质量轻,存放空间小,容易开启,运输及携带方便,成本低,印刷后商品外观美观;但阻隔性差,易造成环境污染。

- **非镀锡罐** 非镀锡罐的特点是涂饰性良好,涂抹牢固性强,焊锡难度大。

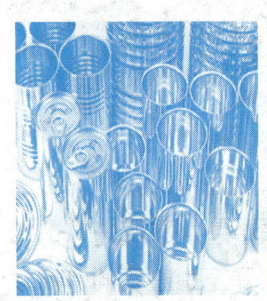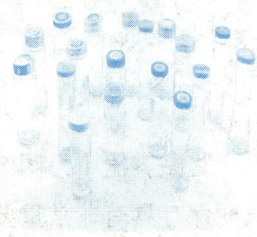

图3—36 各种罐藏容器

安全问题(水产品罐头的变质)

水产罐头食品在加工储藏和运输过程中经常会出现各种腐败变

质，主要有胀罐、平酸败坏、黑变和发霉等。

1. 胀罐

正常情况下罐头底盖呈平坦或内凹状，但是由于物理、化学和微生物等因素致使罐头出现外凸状，这种现象称为胀罐或胖听。造成罐头食品胀罐的主要原因有三种。

● **物理性胀罐** 又称假胀。由于罐内食品装得过多，没有顶隙或顶隙很小，杀菌后罐头收缩不好；或者由于罐头排气不良，罐内真空度过低，因环境条件和气温、气压改变；另外，采用高压杀菌，冷却时没有反压或卸压太快等情况均会造成物理胖听。

● **化学性胀罐** 因罐内食品酸度太高，管内壁迅速腐蚀，锡、铁溶解并产生氢气，直至大量氢气聚积于顶隙时才会出现，故它常需要经过一段储藏时间才会出现。若内容物中锡、铁含量过高，还会出现严重的金属味。

● **细菌性胀罐** 由于微生物生长繁殖而出现食品腐败变质所引起的胀罐称为细菌性胀罐，它是最常见的一种胀罐现象。其原因主要是杀菌不充分，残存下来的微生物或罐头裂漏，使从外界侵染的微生物繁殖生长所致。

2. 平酸败坏

平酸败坏的罐头外观一般正常，但是由于细菌活动其内容物酸度已经改变，呈轻微或严重酸味。导致平酸败坏的微生物称为平酸菌，糖、面粉及香辛料等辅助材料是常见的平酸菌污染源。

水产品的商品化处理与配送
SHUICHANPIN DE SHANGPINHUA CHULI YU PEISONG

3. 黑变或硫臭腐败

含硫蛋白质含量较高的罐头食品在高温杀菌过程中产生挥发性硫，或者由于微生物的生长繁殖，致使食品中的含硫蛋白质分解并产生唯一的硫化氢（H_2S）气体，与罐内壁铁质反应生成黑色硫化物，沉积于罐内壁或食品上，以致食品发黑并呈臭味，这种现象称为黑变或硫臭腐败。这种变质罐头外观正常，有时也会出现隐胀或轻胀，敲检时有浊音。这类腐败变质现象只有在杀菌严重不足时才会出现。

4. 发霉

罐头内食品表面上出现霉菌生长的现象称为发霉。一般并不常见，只有容器裂漏或罐内真空度过低时，才有可能在高水分及高浓度糖分的食品中出现。

水产品罐头的初步质量检验方法

对罐头制品的初步质量检验包括：外观检验，敲音检验，内容物的组织形态、色、香、味检验。外观检验、敲音检验应逐罐进行，可结合擦罐、贴商标、装箱一起进行。外观检验主要是检查罐头外部的清洁状况、卷边质量、是否有锈蚀、流胶变形、商标粘贴情况、罐盖是否向内凹入、玻璃瓶是否有裂纹、软罐头封口是否良好等。敲音检测则主要是根据敲击罐头的音响，来判别罐头是否膨胀。至于罐头内容物组织形态及色香味检查，必须开罐，结合理化、微生物检验抽查进行。

水产品的商品化处理与配送

关于水产品罐头中是否需要添加防腐剂

罐头食品的长期保存主要依赖真空、密封和杀菌,各种罐头在加工过程中,根本不允许和不需要添加任何保鲜防腐剂,而是依靠密封和杀菌达到无菌效果的。因此罐头食品不需要添加任何防腐剂,就能达到长期保存的目的。

保存水产品罐头的方法

仓库内水产罐头储存适温一般为 10~15℃,空气湿度在 70%~75% 为宜,最高不要超过 80%。对于仓库储藏,罐瓶要码成通风垛,库内不能堆放具有酸性、碱性及腐蚀性的其他物品;不能受强日光暴晒等。

话题 10 罐头水产食品加工实例

根据加工方法不同,可分为清蒸、油浸、软罐头、茄汁等主要类型。现就各类产品中具有代表性的品种,其风味特点及部分产品的工艺过程分别给予介绍。

清蒸类罐头加工

1. 清蒸类罐头的特点

清蒸罐头也称原汁罐头,其特点是以保持原料特有的风味色泽为主。以鲜度良好的水产品为原料,经过初步加工,以生鲜状态或经预热处理后装罐,加入少量的调味品如盐、糖、解腥辅料等,然后加热杀菌而制成。主要产品有清蒸鲑鱼、原汁鲱鱼、盐水金枪鱼、清蒸墨鱼、清蒸对虾、清蒸蟹肉、原汁鲍鱼、原汁文蛤等。

 专家提示

对清蒸水产罐头的质量要求是:具有新鲜水产的光泽;具有清蒸水产罐头正常的滋味和气味,无异味;肉质柔嫩;内容物从罐头内小心地倒出来时,不碎散;水产品竖装;块形大小均匀,不允许有杂质存在。

2. 清蒸对虾罐头加工实例

● **工艺流程**　原料验收→原料处理→蒸煮→装罐→排气→密封→杀菌→冷却

● **操作要点**　原料(见图3—37)必须鲜活,小心剥去头、壳,

水产品的商品化处理与配送

用刀剖开背部,取出内脏,在加冰的冷水中洗涤一两次,用清水或 1.5% 盐水预煮,每 100 千克水放入虾肉 25 千克,待水先煮沸后再放虾肉。小对虾煮 7～10 分钟,大对虾煮 9～12 分钟。装罐时,净重 300 克罐,装虾肉 299 克,精盐 4 克,味精 1 克。用硫酸纸包装,排列整齐。排气密封要求中心温度为 80℃以上,或在真空度为 66.7 千帕时密封。杀菌需用 15 分钟时间,使杀菌锅温度升高到 115℃,在此温度下杀菌 70 分钟,然后用 20 分钟时间缓缓排气降温,直至冷却到 40℃以下。

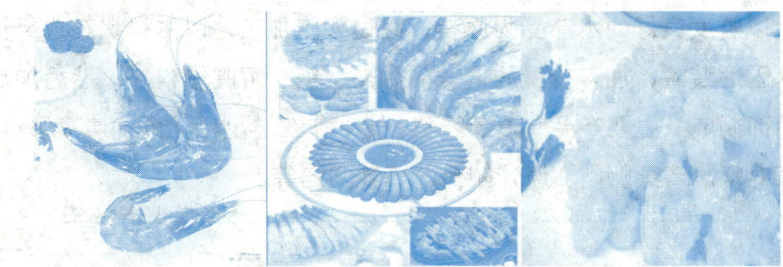

图 3—37 清蒸对虾罐头原料

油浸类罐头加工

1. 油浸类罐头的特点

油浸类罐头是以鱼类等水产品为原料,采用油浸调味方法制成的一类罐头食品。产品具有独特香味和风味,存放成熟,待色香味匀和之后食用,风味尤佳。

2. 油浸金枪鱼罐头加工实例

● **工艺流程**　原料处理→预蒸煮→冷却→整理→装罐→加油→排气→密封→杀菌→冷却

● **操作要点**　原料选用鲜度良好、肥满度大、脂肪含量高、鱼体未经损伤的鱼。要求鱼的条重视鱼种而有差别,如黄鳍金枪鱼为30~40千克,鲣鱼为3~4千克。将鱼去头和内脏,洗净。然后进行预蒸煮,要求鱼体中心温度达到70℃左右,蒸煮时间视鱼体大小而定,如20千克的金枪鱼需4小时,3千克左右的鲣鱼需1~2小时。蒸煮后,一般大小的金枪鱼放冷12小时,大型金枪鱼放冷24小时。清除皮、骨、红色肉等,得到精肉。用人工或机器将鱼肉切块,装罐并加入少量食盐和精制植物油,真空抽气密封,加热杀菌。如图3—38所示。

图3—38　油浸金枪鱼罐头生产工艺

水产品的商品化处理与配送

软罐头加工

软罐头食品又称蒸煮袋食品，作为新兴的罐头制品，国外称其为"第二代罐头"。

1. 水产食品软罐头的生产工艺流程

原料处理（去头、去内脏、清洗等）→预煮或油炸→调味→装袋→真空封口→加压杀菌→加压冷却→擦干→保温检查→成品包装入箱

 **专家提示**

封口是软罐头生产的关键工序，封口后须使其在加热杀菌和销售过程中保持牢固。封口应符合以下条件：熔合试验良好，无气泡，无裂层；封口后必须立即进行杀菌，停留时间不得超过0.5小时。

2. 调味鲐鱼软罐头加工实例

● **工艺流程** 原料验收→分级挑选→原料处理→盐碱水浸渍→漂洗→沥水→调味→摆片、风干→烘烤→去皮→真空封口→高温杀菌→保温检验→装箱入库

● **操作要点** 采用鲜度良好的鲐鱼（见图3—39），条重为70~300克，根据条重分成若干等级。原料处理，去头、内脏、脊椎骨，

清除腹腔内黑膜、血污及肋刺,去鳍。将处理后的鱼体浸入 2% 食盐和 3% 纯碱的盐碱水中 15～30 分钟。浸渍液温度保持在 10℃以下。然后在 10℃的清水中漂洗 0.5 小时左右。漂洗沥干,调味液汁中浸渍 45～60 分钟,调料房温度控制在 10℃以下。调味后的鱼体,鱼背朝下,平摊于塑料网片上,在 20～35℃烘道中风干,风干到水分在 35%～40%。将烘干的鱼片在 160℃下烘烤 1.5 分钟,趁热剥去鱼皮,装袋,真空封口,121℃杀菌 10 分钟。要控制好杀菌时间,杀菌时间过长,造成产品色泽过深,带有哈喇味。成品经保温检验(37℃,7 天)后剔除胖袋并装箱。

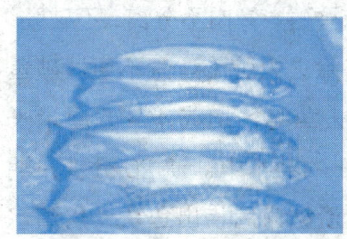

图 3—39　鲐鱼

茄汁类罐头加工

1. 茄汁类罐头的特点

以鱼类等水产品为原料,经过一系列处理后加入茄汁。此类罐头

水产品的商品化处理与配送
SHUICHANPIN DE SHANGPINHUA CHULI YU PEISONG

制品兼具水产品及茄汁的风味。对茄汁类罐头的一般质量要求是：肉色正常，茄汁为橙红色、鱼皮呈自然色泽。茄汁风味浓郁，咸淡适中，无异味。组织紧密度适中，块形完整，不碎散，大小均匀，肉块竖装，排列整齐。

2. 茄汁鲭鱼加工实例

● **工艺流程**　原料验收→原料挑选和处理→盐渍→装罐→排气→控水→加茄汁→真空封口→洗罐→杀菌→保温检验→包装

● **操作要点**　对进厂的鲜鲭鱼的大小规格、数量、鲜度进行验收和检查。对冻鲭鱼应逐盘检查后，在清水池内喷淋解冻。新鲜的鲭鱼表皮有光泽，眼球突出，鳃鲜红，肌肉有弹性，骨肉不分离，不破肚，无异味。将合格的鲭鱼去头，切开鱼肚，除去内脏（注意不要弄破鱼胆），在流水中清洗，并刮去贴骨血，剪去鱼鳍，切成 4～5 厘米长的鱼块，洗净控水待用。将鱼块放在 15% 的盐水中盐渍 20 分钟，期间搅拌 2 次，盐水与鱼的比例为 1∶1。盐渍结束后捞出鱼块，用清水冲洗干净，沥干水分后即可装罐。采用 7114 罐或 860 罐、601 罐均可。若用 7114 罐可装 8 块，大小部位均匀搭配，重叠装两层，要求装罐整齐，上层要留有间隔，再加满 1% 清洁盐水。将罐头送入排气箱中，温度为 98℃以上，时间可根据季节控制在 35～40 分钟，中心温度应达到 95℃以上。出排气箱的罐头即控去盐水，加入配制好的茄汁。7114 罐加入 110～120 克，实际加入量要根据排气脱水情况作适当调整，每罐复磅，保证 7114 罐头净重为 425±3 克，加入茄汁之后的罐头应立即送入真空封口机中封口。

话题 11　发酵水产食品加工技术

导读　发酵水产食品以虾酱为主题进行介绍。虾酱通常又称虾糕，是用毛虾等各种小鲜虾类经加盐腌制发酵后，捣碎磨细制成的一种黏稠状酱。

虾酱是中国沿海地区、韩国、香港以及东南亚地区比较受欢迎的常用调味料之一，味道比较咸，在市场上常见的是罐装形式，也有将虾酱干燥成块状出售的，这样的产品一般称为虾膏或虾糕，味道要比虾酱浓郁。

虾酱（见图3—40、图3—41）的生产对环境没有严格要求，在中国沿海产小虾的地区均能进行生产，内地河川湖沼的淡水区域也可以生产，其中出产最多的是河北唐山、山东滨州和东营、浙江和广东等地区。

图3—40　虾酱时蔬

图3—41　蒸虾酱

水产品的商品化处理与配送

虾酱的制作方法

● **准备原料** 虾酱所用的原料以小型虾为主,一般常用的为小白虾、糠虾、眼子虾、蚝子虾等。

● **处理原料** 选用新鲜及体质结实的虾,用网筛筛去小鱼及杂物,洗净沥干。

● **盐渍发酵** 在虾中放入食盐,500 克虾加入大约 150～175 克的盐,搅拌均匀后,放入缸中。如果夏天腌制,因为气温高,虾容易腐败,可以适量多加盐;冬天冷则可以少加些盐。每天要用木板搅拌捣碎两次,每次大约 20 分钟。搅拌时必须上下搅匀,然后压紧抹平,这样才可以使发酵效果好。这样连续进行 15～30 天左右,至发酵大体完成为止。酱缸置于室外,借助日光加温促进成熟。

● **发酵完成** 虾酱发酵完成后,颜色微红,这就可以进行销售了。如一时卖不完需要长时间保存,则必须置于 10℃以下的环境中储藏,以防止虾酱变质。如图 3—42、图 3—43 所示。

图 3—42 虾酱

图 3—43 虾酱玉米饼

水产品的商品化处理与配送
SHUICHANPIN DE SHANGPINHUA CHULI YU PEISONG

 专家提示

怎样做使虾酱更美味呢?

在发酵前加入食盐时,同时加入茴香、花椒、桂皮等香料,混合均匀,这样可以改善做出的虾酱的风味,使香气更浓郁,味道更鲜美。

虾酱砖的制作方法

● 步骤一 可将原料小虾去杂洗净后,加入10%～15%的食盐,盐渍12小时,压取卤汁。

● 步骤二 经粉碎、日晒1天后倒入缸中,加白酒(0.2%)和茴香、花椒、橘皮、桂皮、甘草等混合香料(0.5%),充分搅匀,压紧抹平表面,再洒酒一层,促进发酵,表面逐渐形成一层1厘米厚的硬膜,晚上加盖。

● 步骤三 发酵成熟后,在缸口打一小洞,使发酵渗出的虾卤流集洞中,取出即为浓厚的虾油成品。如不取出虾卤,时间久了又渗回酱中。

● 步骤四 首先将成熟后的虾酱除去表面硬膜,再取出软酱,放入木制模匣中,制成长方形砖,去掉模底,取出虾酱,风干12～24小时即可包装销售。

虾酱的保存方法

　　虾酱比较适合用缸来装，也可以用木桶或塑料桶装。不管用什么容器来装，必须将容器严密封口，这样可以防止下雨时被雨淋湿或不小心沾到生水。然后将虾酱放到阴凉通风的地方。在开缸取货和零售后，都要及时盖上盖，以防止苍蝇叮爬、生蛆、生虫、发霉变质。

 **专家提示**

虾酱翻泡就表明变质了吗？

　　如果虾酱有翻泡现象但是还没有异味，表明虾酱还没有变质，可以加少许白酒，密封保存，仍可以食用。如果虾酱已翻泡并且闻起来有臭味，说明其已经变质了。

虾酱的质量标准

1. 虾酱的外观质量

　　虾酱的形状和甜面酱相近，颜色鲜明，质地细微，香味醇厚，盐分较足，含水分比较少，闻起来具有虾类特有的鲜味，无虫，无臭味者属于好的虾酱。唐山、沧州产品质量最好。有的虾酱加工时混入小蟹、小蛤等，影响质量，颜色多呈灰黄色，也不鲜明。

2. 虾酱的质量等级

根据虾酱的色泽、状态、味道、是否有杂质等具体情况，可以将虾酱分为以下三个等级：

● 一级品的虾酱颜色呈紫红色，比较黏稠，闻起来很鲜香但是没有腥味，酱看起来比较细腻，没有其他的杂鱼，吃起来也是咸淡适中。

● 二级品的虾酱颜色呈紫红色，酱要比一等品软并且略稀，鲜香气味较差，没有腥味，酱看起来较粗，会有少量的小杂鱼等。

● 三级品的虾酱颜色呈暗红色而且不鲜艳，酱比较稀，看起来比较粗糙，其中杂鱼等杂物较多，口味偏咸。

 专家提示

在进行虾酱生产时，为了使生产出的虾酱品级高一些，从而单价高一些，应注意以下事项：

●用来发酵虾酱的虾要选择新鲜及体质结实的虾，尽量除去里面夹杂的鱼、蟹等杂质。

●发酵时加入的盐要适量，过咸影响品质，太淡则容易变质。

●每天要用木板搅拌捣碎两次，每次大约20分钟。搅拌时必须上下搅匀，然后压紧抹平，这样才可以使发酵效果好。

话题 12　发酵水产食品加工实例

导读　蠓子虾小如米粒，需要用小推网像捞鱼虫一样，一网一网地从海水中筛出来，而且必须在夜间进行。蠓子虾的捕捞量很小，捕捞过程极为费时费力，这就决定了真正的蠓子虾酱的弥足珍贵。正品蠓子虾酱可以看到很细腻的小虾，颜色酱紫，表面有一层亮闪闪的油，鲜香味浓。蠓子虾酱存放时间越长，其香味越浓郁，如同葡萄酒一样，价格自然随年份增长而增长。

蠓子虾酱在我国有很悠久的食用历史，它的起源最早可追溯到新石器时代。战国时期，山东荣成一带的渔业生产开始形成规模，开始捕捞蠓子虾；秦汉时期，蠓子虾酱的制作技术不断提高，工艺上分出了步骤，并形成了一定规范；元明清时代，蠓子虾酱制作进入了发展繁荣的阶段。

蠓子虾酱的制作工艺

蠓子虾酱配方很考究，因为它保持了蠓子虾的原汁原味，其制作

水产品的商品化处理与配送

工艺主要分为以下五个步骤：

- 推虾　即用推网把浮到岸边的蠓子虾捞上来。
- 洗虾　推上来的蠓子虾往往夹有杂草或泥沙，应清洗干净，需要特别注意的是洗虾不能使用淡水。
- 腌虾　将洗好的新鲜蠓子虾在24小时内拌上20%～22%的粗海盐（50千克虾加入10～11千克盐），放入事先清洗干净并沥干水的坛罐或陶缸中，不加水。每天早晚要用木棍搅拌两次，将蠓子虾搅动起来不结成块或球为准。如图3—44所示。

图3—44　木棍搅腌虾

- 煮沸　将发酵好的蠓子虾酱从缸中取出来，放在可加热的夹层锅中煮沸。
- 后期处理　进行灌装、杀菌、包装等工序。

专家提示

为了保证蠓子虾酱的纯正，夹杂在蠓子虾里一起捕捞上来的小鱼、杂虾、小蟹是一定要拣除干净的。在发酵过程中要不断用竹铲子翻动蠓子虾，在烈日下暴晒（见图3—45）需要两三个月才可以。

图3—45　暴晒蠓子虾酱

 ## 蟹子虾酱的保存

蟹子虾酱不需冷藏储存,只需密封起来,在常温下存放便可。储藏蟹子虾酱的器皿,以瓷罐为最佳。而且蟹子虾酱存放时间越长,其香味越浓郁,品质越好,价格也越高。

 专家提示

虾酱发酵完成后的人工灌装一般耗时较长,而且误差较大,也容易污染虾酱,所以可以采用虾酱灌装机来进行灌装,既快速、便捷,又卫生。虾酱灌装机如图3—46所示。

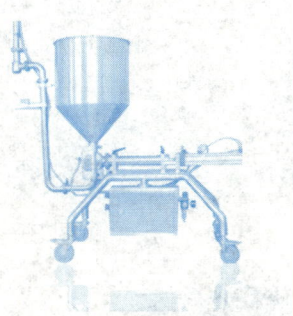

图3—46 虾酱灌装机

话题13 水产食品加工新技术

 **导读** 我国水产品加工历史悠久,加工方式多样,一般可分

水产品的商品化处理与配送

为传统加工和现代加工两大类。近年调查数据显示,我国水产品加工仍以冷冻冰鲜等初级加工为主,精深加工能力薄弱,产品附加值不高。随着人们生活水平的提高,众多消费者已不满足于传统的初级加工水产品,而是寻求多品种、色香味俱全的现代技术精深加工水产食品,如图3—47所示。

图3—47 水产品精深加工产品

 **高压加工技术**

高压加工技术,就是利用100兆帕以上的压力,在常温或较低温度下,使食品中的酶、蛋白质和淀粉等成分活性改变、变性或糊化,而食品的天然味道、风味和营养价值不受影响或很少受影响,并可能产生一些新的质构特点的一种加工方法。同时,它能在较低温度下达到杀菌效果。

农产品加工与经营知识普及丛书
NONGCHANPIN JIAGONG YU JINGYING ZHISHI PUJI CONGSHU

水产品的商品化处理与配送
SHUICHANPIN DE SHANGPINHUA CHULI YU PEISONG

 小贴士

早在1895年,H. Roger就进行过利用高压处理杀死细菌的研究。在1899年,美国人Bert Hite首先报道了利用450兆帕的高压能延长牛奶的保存期;美国物理学家P. W. Bridgman在1914年发现了静水压下蛋白质变性、凝固的现象。以后相继有很多报道证实了高压对各种食品和饮料的灭菌效果。1991年4月世界上第一个高压食品——果酱问世,被人们誉为"21世纪的食品"。

 **高压加工的特点**

- 加工品风味、营养和颜色几乎不发生变化(冷杀菌)。
- 杀菌完全而均匀,能耗少。

 **再组织化技术**

再组织化技术是将组织重新形成,以得到具有良好咀嚼性能和持水特性的产品的技术,所得产品大多数具有纤维状结构,并且在随后的复水和热处理中仍能保持上述性质。

专家提示

再组织化鱼肉蛋白可作为代肉品，储藏、食用方便，并具有高蛋白、低脂肪的营养特点。鱼肉再组织化的研究正为人们所关注，对低值鱼的开发利用具有重要意义。

 ## 栅栏技术

● 栅栏技术又称复合保藏技术，是多种保藏技术共同使用，以控制食品中微生物的生长繁殖，从而确保食品防腐保鲜的新技术。即像栅栏一样，通过一道道工序，把微生物阻拦在外，而一道道工序就是栅栏因子。当两个或两个以上的栅栏因子共同作用时，其作用效果强于这些因子单独作用的叠加。就某个单独的栅栏因子来说，对其作用强度的轻微调整即可对食品的保存期产生显著的影响。

● 在食品的加工过程中，不可能每一种栅栏都使用；此外，同一种栅栏对食品质量具有正反面两种效果，当栅栏强度超过某一个阈值时，反而会对食品的质量造成不良的影响。因而，挑选适合食品实际状况的栅栏，并调整到适当的强度，以达到保存的最佳效果，就成为食品加工中的关键。

水产品的商品化处理与配送

 专家提示

自从20世纪70年代栅栏理论提出后,相继有许多研究与实践表明,栅栏技术不但可用于食品加工和保藏中的微生物控制,还可用于食品加工、保藏中的工艺改造以及新产品开发。

 **超临界流体萃取技术**

在超临界状态下进行提取或分离的原理:在超临界状态下,温度或压力发生轻微改变就会导致流体密度的较大变化,使流体夹带的物料增大或减小,从而达到提取或分离的目的。超临界流体萃取(supercritical fluid extraction,SFE)技术在食品脱咖啡因、啤酒花萃取、动植物油脂的提取、动植物生理活性成分的提取、天然香料的提取和天然色素的提取等食品工业中已被广泛研究与应用,其中以二氧化碳作为萃取剂的超临界流体萃取的工艺应用最为广泛。

超临界流体萃取技术的特点如下:

● 可在35~40℃及二氧化碳气体笼罩下进行提取,有效地防止了热敏性物质的氧化和逸散。

● 全过程不用有机溶剂,因此萃取物中绝无残留的溶剂物质,能够确保100%的纯天然性和安全性。

农产品加工与经营知识普及丛书
NONGCHANPIN JIAGONG YU JINGYING ZHISHI PUJI CONGSHU

水产品的商品化处理与配送

- 萃取效率高,能耗较少,提高了生产效率,也降低了加工费用。
- 压力和温度都可以成为调节萃取过程的参数,通过改变温度或压力达到萃取的目的,因此工艺简单容易掌握,而且萃取的速度快。

超微粉碎技术

超微粉碎一般指将粒度为3毫米以上的物料颗粒粉碎至粒度为10～25微米以下的过程。颗粒大小的微细化导致表面积和孔隙率激增,形成具有独特物理和化学性质(如溶解性、分散性、吸附性、化学活性)的超微粉体,应用领域十分广泛。

 小例子

许多可食动植物、微生物等原料都可用超微粉碎设备加工成超微粉,甚至动植物的不可食部分也可以通过超微化进一步被人体吸收。例如:利用普通面粉做的压缩饼干很难吞咽,而用微粉特性物料做成的压缩饼干可顺利吞咽。微粉食品吸附性强,其极高的孔隙率造成集合孔腔,可吸收并容纳香气经久不散。如果吸收一定量的二氧化碳或氮气,则食品的保鲜期会大大延长。

超微粉碎技术的特点如下：
- 可提高食品的品质和利用度。
- 使食品具有良好的固香性、分散性、溶解性。
- 保持食品的纯天然性，口感细腻，色泽自然，同时使食品的生物活性和营养成分也无损失。
- 更易于消化吸收。

微胶囊技术

- **微胶囊技术简介**　微胶囊技术是将固体、液体或气体物质包埋、封存在一种微型胶囊内作为一种固体微粒产品的技术。采用微胶囊技术制成的产品有良好的功能性质和储存稳定性，使用方便，可以解决传统工艺所不能解决的问题。微胶囊技术是21世纪食品工业重点开发的高新技术之一。

- **微胶囊化的方法**　有喷雾干燥法、喷雾冷却法和喷雾冷冻法、空气悬浮成膜法、挤压法、凝聚法、复相乳液法、熔化分散与冷凝法、囊心交换法、粉末床法、界面聚合法、原位聚合法、锐孔—凝固浴法和包结络合物法等。

- **微胶囊技术的应用**　应用于鱼糜制品防腐剂、乙醇缓释剂、口香糖、开口饲料。

水产品的商品化处理与配送

 小例子

鱼油中富含 n-3 多不饱和脂肪酸 DHA（二十二碳六烯酸）和 EPA（二十碳五烯酸），由于 DHA 和 EPA 含多个双键，极易氧化酸败，一方面降低了生理功效，另一方面产生令人难以接受的异味，而且氧化产物还具有毒性。利用微胶囊技术生产的微胶囊化鱼油，不仅掩盖了令人不快的气味，而且改善了 DHA、EPA 的储存稳定性，使产品成为一种人们易于接受的功能性营养强化剂，添加于婴儿配方奶粉、焙烤食品和乳制品中，具有良好的市场前景。

 **辐照保鲜技术**

1. 辐照保鲜技术的作用

食品辐照是利用钴-60 辐射出的 γ 射线或高能量电子束等射线照射食品（包括原材料），延迟新鲜食物某些生理过程，或对食品进行杀虫、消毒、杀菌、防霉等处理，达到延长保藏时间，稳定、提高食品质量目的的操作过程。

 **小贴士**

水产品辐照保鲜技术诞生于20世纪中叶，1950年，美国科学家 J. T. R. Nickerson 等以钴-60辐射出的 γ 射线对鲭鱼进行辐照的报道，开创了水产品辐照保鲜的研究和应用先河。

2. 辐照保鲜技术的优点

● 杀死微生物效果显著，剂量可根据需要进行调节。

● 一定剂量（＜5千戈瑞）的照射不会使食品发生感官上的明显变化。

● 即使使用高剂量（＞10千戈瑞）照射，食品中总的化学变化也很微小。

● 没有非食品物质残留。

● 产生的热量极少，可以忽略不计，可保持食品原有的特性，在冷冻状态下也能进行辐射处理。

● 放射线的穿透能力强、均匀、瞬间即逝，而且对其辐照过程可以进行准确控制。

● 食品进行辐照处理时，对食品包装无严格要求。

 **微波技术**

1. 微波技术的作用

微波是一种电磁波，在外界高频交变场中，水等极性分子不断扭

水产品的商品化处理与配送

转、摩擦产生热。其特点为速度快、加热均匀、节能高效、清洁卫生、加热选择性强,用途主要有调温解冻、加热烹制、杀菌消毒。

> **小例子**
>
> 微波用于食品加工始于1946年,但1960年以前,微波加热只限于在食品烹调和冻鱼解冻上应用。从20世纪60年代起,人们开始将微波加热应用于食品加工业。

2. 微波的特性

- 穿透性强。使食品材料内部、外部几乎同时加热升温。
- 选择性加热。水吸收热量的能力远远大于蛋白质、脂类等。
- 杀菌。微波热效应和生物效应共同作用的结果。

 **真空低温油炸技术**

1. 真空低温油炸技术

真空低温油炸是在减压的条件下,使食品中水分在低温下汽化,从而达到食品在短时间内脱水的目的,实现在低温条件下对食品的油炸。同时,热油脂作为食品脱水供热的介质,还起到了改善食品风味的重要作用。因此,真空低温下干燥和油炸的有机结合,生产出了兼有两者工艺效果的食品。

农产品加工与经营知识普及丛书
NONGCHANPIN JIAGONG YU JINGYING ZHISHI PUJI CONGSHU

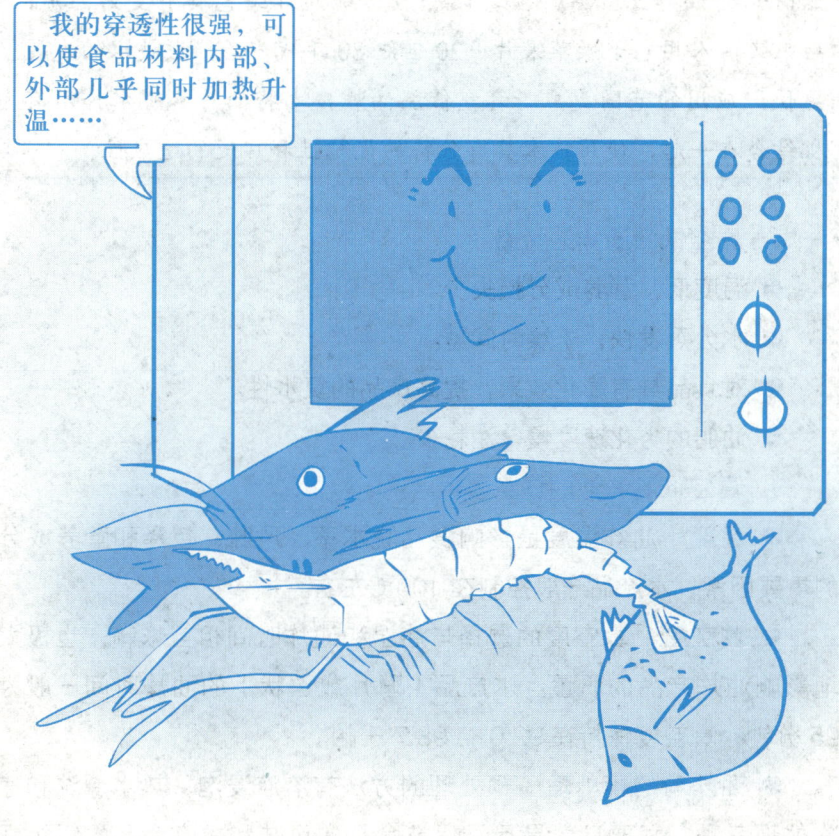

水产品的商品化处理与配送

 小例子

　　真空低温油炸是在20世纪60年代末和70年代初兴起的,开始时用于油炸土豆片,使其比一般传统油炸工艺具有更好品质,后来又有人用它干燥苹果片。20世纪80年代以后,该技术的发展更快,应用的范围更广。真空低温油炸技术将油炸和脱水作用有机结合在一起,使该技术具有独特的优越性和广泛的适应性。

2. 真空低温油炸的特点

● 温度低,营养成分损失少。
● 水分蒸发快,干燥时间短。
● 对食品具有膨化效果,提高产品的复水性。
● 油脂的劣化速度慢,油耗少。

3. 真空低温油炸的注意事项

● **温度**　油炸温度是影响食品脱水率、风味、色泽和营养成分的重要因素,水产品一般控制在100℃左右。

● **真空度**　真空度的选择与油温和油炸时间相互依赖,也极大地影响油炸产品的质量。水产品(薄片或丝状)的油炸时间一般为25分钟,真空度保持在92.0～98.7千帕。

● **油炸前的预处理**　预处理的方法有溶液浸泡、热水漂洗和速冻处理三种,主要目的是尽量保持食品的风味和提高食品的组织强度。

话题 14 水产食品加工新技术应用

导读 我国水产品加工面临很多问题,其中加工手段落后、产品质量低、效益差是一个制约条件。随着我国经济迅速发展和人民生活水平的不断提高,人们对水产加工食品的要求也越来越高,不仅要求营养、美味,还要方便、保健。现代高新技术在水产品深加工中的应用可以促进水产食品的升级换代,也可提高水产食品的技术含量。

高压技术在水产品加工中的应用

1. 高压杀菌

将水产品包装密封后,置于 200 兆帕装置中加压处理,可使细菌灭活。这是因为高压导致微生物的形态结构、生物化学反应、基因机制以及细胞壁、膜发生了多方面的变化,从而影响微生物原有的生理活动机能,使原有功能被破坏或发生不可逆变化。

2. 高压速冻和不冻冷藏

● 高压速冻 由于加压使水的冻结点降低,水产品内部的水分

水产品的商品化处理与配送

瞬间进入过冷状态而迅速产生大量极细微的冰晶核,进而形成大量细小而均匀的冰结晶,避免了冻品组织的破坏和变性,真正实现了速冻。

● **低温高压下的不冻冷藏** 在常压下进行冻藏会使水产品组织内形成冰晶,引起组织的破坏,造成汁液流失,蛋白质失水过多而变性严重等,在高压条件下这个问题可以得到有效的解决。

3. 其他

高压处理鲣鱼、金枪鱼、沙丁鱼、狭鳕等鱼糜可得到良好的凝胶。加压后的鱼糕有透明感和光泽,能保持致密的组织性,其弹性比加热的产品高出50%。使用高压加工制作鱼酱,室温下可以抑制原料的内源性蛋白酶活性。

再组织技术在水产品加工中的应用

● 利用鱼肉肌原纤维蛋白质的性质,由冷冻鱼糜可生产出各种模拟海产品,此类制品具有纤维状结构,并且可被赋予天然制品的味道和形状,如鱼肉饼、仿鱼翅等制品。

● 谷氨酰胺转氨酶与鳕鱼肉、食盐、土豆粉等混合可制成鱼肉饼。

● 往骨胶或明胶的中性水溶液中加入谷氨酰胺转氨酶,挤出成型,形成凝胶,最后干燥可制成仿鱼翅制品。

栅栏技术在水产品加工中的应用

采用栅栏技术研究微生物、水分和保藏期的关系,再配以HACCP(危害分析和关键控制点)管理技术,寻求不用高温而有较长保藏期的高水分食品的工艺条件,可研制不经高温杀菌而能较长时间保存的色香味俱佳的水产加工品。示例如下:

1. 南美白对虾虾仁

● 加工工艺　冷冻南美白对虾虾仁→半解冻→清洗→水煮→冷却→调味→干燥→焙烤→低温放置→真空包装→低温杀菌→冷却→成品

● 工艺条件　四个主要栅栏因子的较佳强度为水分活度(A_w)0.94、杀菌温度85~90℃和时间40分钟、乳酸链球菌肽100毫克/千克、乳酸钠2.4%、pH值5.8~5.9。这样既能提高储藏性,避免酸性、过度干燥、高温杀菌等单一高强度加工对产品品质的不良影响,又能开发出能较好地发挥南美白对虾鲜美风味的制品。

水产品的商品化处理与配送

 小贴士

水分活度指食品中水分存在的状态,即水分与食品的结合程度(游离程度)。水分活度值越高,结合程度越低;水分活度值越低,结合程度越高。水分活度数值用 Aw 表示,水分活度值等于用百分率表示的相对湿度,其数值在 $0\sim1$ 之间。水分活度值为溶液中水的蒸气分压 P 与纯水蒸气压 Q 的比值,$Aw=P/Q$。水分活度的测试意义:Aw 值对食品保藏具有重要的意义。含有水分的食物等由于其水分活度之不同,其储藏的稳定性也不同。利用水分活度的测试,反映物质的保质期,已逐渐成为食品、医药、生物制品等行业中检验的重要指标。

2. 海鲜调味料

● **加工工艺** 海鲜原料(鱼、虾、贝等)→清洗斩碎→匀浆→酶解→过滤→浓缩→美拉德反应→辅料调配→匀浆→干燥→灭菌→检验→包装→成品

● **工艺条件** 一般在调味料风味定型前,通过100℃、10分钟灭酶处理进行高温短时杀菌,并结合美拉德热反应杀灭微生物达到防腐的目的;在风味定型后可以采用辐照技术,达到理想的杀菌防腐效果。海鲜调味料的水分活度(Aw)低于0.76为安全,当低于0.74

时不需要添加防腐剂。

3. 即食调味珍珠贝肉

● **加工工艺** 贝肉→解冻→预处理→调味→烫煮→烘干→包装→杀菌→成品

● **工艺条件** 原料预处理需用3%的食盐进行清洗；采用0.15%柠檬酸溶液调节pH值为5.6～5.7，贝肉调味后需经烫煮；烘干工艺采用二段式，先调至60℃烘干45分钟，再调至70℃烘干半小时，控制产品水分含量为45%～50%，水分活度为0.88～0.90，产品真空包装。包装后在0～4℃中放置24小时，再进行巴氏杀菌（80～85℃，30分钟）。

超临界流体萃取技术在水产品加工中的应用

● 可提取鱼油。鱼油中含有多种生理活性组分，其中的EPA具有抗血栓等生理功能，而DHA则具有健脑、消炎等功能。

● 传统的方法分离纯度低，且有溶剂残留、操作温度高、破坏目标物质等缺陷，而超临界二氧化碳流体萃取技术很适合萃取鱼油这样的热敏性天然产物。

水产品的商品化处理与配送

超微粉碎技术在水产品加工中的应用

● **开发功能食品** 超微粉碎技术的应用为水产品深加工拓宽了范围,提高了产品质量。如将海带、海藻、螺旋藻等加工成微细粉体,可添加于多种食品中;鱼、虾、龟、鳖等水产品,经超微粉碎加工成鱼粉、虾粉、龟鳖粉,可制成多功能保健食品。鲨鱼软骨超细粉碎后可制成具有较好抗癌效果的药剂。

● **生产补钙剂** 贝壳中含有极其丰富的钙,牡蛎的贝壳含钙量超过90%,利用超微粉碎技术将牡蛎壳粉碎成细小的粉粒,促使粉粒的表面性质发生变化,促进其中的钙更好地被人体吸收,使牡蛎壳资源得到再次利用。此外,采用物理方法,基本不添加任何的化学成分,从而保证了产品的天然特征。

● **优化珍珠资源的利用** 珍珠含有丰富的氨基酸和人体所需的微量元素、稀有元素以及蛋白质、无机钙等,但由于珍珠具有坚硬的同心叠层结构,粉碎很困难,用传统方法加工不仅会破坏部分营养成分,而且由于产品粒度大,人体的吸收率仅为30%以下。超微粉碎的珍珠粉,粉体粒度能达到2微米以下,既保证了珍珠成分的完整性和纯天然性,又有利于人体的吸收,能充分发挥其功效。

微胶囊技术在水产品加工中的应用

敏感性成分经过胶囊化后，可改变产品原来的色泽、形状、质量、体积、溶解性、反应性、耐热性、储藏性等特性，能够储存微细状态的心材物质并在需要时释放出来。

1. 隔离物料间的相互作用，保护敏感性物质

物料通过胶囊化后，可避免受环境中氧气、光线、高温、水汽、紫外线等外界不良因素的干扰，提高其在加工时的稳定性并延长产品的货架寿命。

2. 改变物料的存在状态、质量和体积

液体心材经胶囊化后可转变为细粉状固体，其内部仍是液相，故仍能保持良好的液相反应性。物料经胶囊化后，其质量有所增加，也可制成含有空气或空心胶囊而使其体积增加。

3. 掩盖不良风味、降低挥发性

有些食品添加剂，因带异味或色泽而影响被添加食品的品质，如果将其胶囊化，可掩盖其不良风味、色泽，改变其在食品加工中的使用性能。易挥发的食品添加剂，经胶囊化后可抑制挥发，减少其在加工时的损失，降低成本。食品或饮料中的天然香气成分经包埋后，其挥发性、氧化和热分解作用显著减缓，使香气持久、怡人。

4. 控制释放

物料经微胶囊化后，可控制其释放时间和释放速率。利用这些特点，在食品工业中可以滞留一些挥发性化合物，使其在最佳条件下释放。通过预先设计并选用适当壁材，还可实现特殊的释放模式，达到特殊效果。

5. 降低食品添加剂的毒理作用

利用控制释放的特点，可通过适当的设计，控制心材的生物可利用性，尤其对化学合成添加剂，对其进行包埋，对于减少其毒理作用显得尤为重要。

辐照保鲜技术在水产品加工中的应用

水产品含有丰富的营养成分，造成这类食品变质的主要原因是微生物的作用。因此，这类食品保藏前的辐照处理主要是为了杀菌。辐照杀菌处理的方式有三种类型。

1. 辐照完全杀菌

这种处理方式所用的电离辐照剂量足以使微生物的数量减少，或使有生存能力的微生物降低到很小程度。在后处理没有污染的情况下，以目前的方法没有检出腐败微生物，也没有毒素被检出。这种处理的目的是希望生产出几乎是无菌的稳定的食品。处理过的食品，只要不再受污染,可在任何条件下长时间保藏。

2. 辐照针对性杀菌

这种处理所使用的辐照剂量足以降低某些有生命力的特定非芽孢致病菌(如沙门氏菌)的数量,结果用任何标准方法都不能检出病菌的存在。剂量范围一般为 5～10 千戈瑞。这样处理不能杀灭所有的微生物,因为食品中有可能存在比对象菌更耐辐照的芽孢菌或其他细菌。因而这种处理方式强调的是食品的卫生安全性,而不能保证长期储存的微生物学安全性。因此,用这种方法处理的食品,储存时必须有其他手段的配合,如低温或降低产品的水分活性等。

3. 辐照选择性杀菌

所用的电离辐照剂量足以提高保藏品质,并可使生存的特定腐败微生物的数量显著减少。由于生长在不同食品上的微生物种类不同,这些微生物的耐辐照性也不同,并且残存的微生物在一定条件下的生长速度也不同,所以这种处理的剂量水平随食品的种类和处理后储存条件和储存期要求而异。但一般说来,引起腐败变质的微生物的耐辐照性都不大,所以这种处理的剂量范围多在 0.1～0.2 兆戈瑞之间。与辐照针对性杀菌处理一样,用这种方式处理过的食品的储存期是有限的,多数情况下要与冷藏或冻藏结合,才能达到一定的储存期。

 **微波技术在水产品加工中的应用**

1. 微波干燥技术

由于微波能够深入到物料内部,各部位同时均匀升温,对物料形状无要求,避免了传统加热方法导致的物料表面硬化或不均匀现象。微波干燥通常只需常规加热方法时间的 1/10～1/100 就能完成整个加热和干燥过程,因此,可以保持食品的色、香、味,减少营养成分的损失。另外,物料在干燥过程中具有自动平衡能力,也有利于保证物质原有的特性。

目前微波干燥方法主要有物料直接进行微波干燥、微波冷冻干燥和微波真空冷冻干燥。这些方法都具有良好的保持食品的营养、色、香、味能力,以及综合加工成本低的特点,极适用于热敏性物料和厌氧物料。在水产品制品方面,采用微波干燥壳聚糖技术,其微波干燥的时间是烘箱处理时间的 1/10,而脱乙酰度、黏度、相对分子质量及红外光谱在两种条件下测定的结果几乎一致。

2. 微波萃取技术

微波萃取技术已广泛应用到香料、调味品、天然色素、中草药、化妆品和土壤分析等领域。微波萃取的机理可从两方面理解,一方面微波辐射过程中高频电磁波穿透萃取介质,到达物料的内部维管束和细胞系统。细胞内部吸收微波能迅速升温，使其内部压力超过细胞壁膨胀承受能力，导致细胞破裂。细胞内有效成分自由流出，在较低的温度条件下被萃取介质捕获并溶解，再通过过滤和分离，便获得萃取物料。另一方面，微波所产生的电磁场，加速被萃取成分向萃取溶剂界面扩散速率。用水作溶剂时，在微波场中，水分子高速转动成为激发态，这是一种高能量不稳定状态，或者加强萃取组分的驱动力，或者使萃取速率提高数倍，同时可降低萃取温度，最大限度保证萃取物料的质量。

微波萃取适用于任何天然物的萃取，尤其适合天然热敏性物质萃取。经微波处理之后，不同鱼类鱼皮中胶原蛋白的提取量有所提高。

3. 微波杀菌技术

传统的杀菌或抑菌技术如高温、冷冻以及加防腐剂等，一方面处理时间长，灭菌不彻底，不易实现自动化生产；另一方面，往往会影响食品的原有风味以及营养成分，甚至还引入一些不利于食品品质的成分，很难达到较高的安全卫生要求，限制了产品的推广应用。

微波杀菌是利用热效应和非热效应（生物效应）的双重作用杀菌，由于微波杀菌是两种作用共同作用的结果，其杀菌温度一般低于传统方法。通常，传统方法杀菌温度要在100℃以上，时间为十几分钟至几十分钟，而微波杀菌温度仅70~90℃，时间为3~5分钟。杀菌均匀彻底，营养素和风味保存良好，产品安全可靠，保存期长。

真空低温油炸技术在水产品加工中的应用

以鱼、虾、贝类为原料，经处理后，调味直接油炸或预熟后油炸，均可保持"海鲜"美味而不油腻。口感酥脆自不待言，是佐酒助餐的佳品。一些无市场价值的小杂鱼、虾、藻类或干鱼，可以磨浆（碎）后添加面粉压制成各种形状油炸，其制品不仅味道、口感好，还可补充人体所需的钙质。

真空油炸食品的工艺流程是：原料→分选→清洗→调整→灭酶→预处理（预干燥）→真空油炸→真空脱油→调味→包装→成品。

灭酶主要是为防止原料发生褐变，根据实际情况可分别采用溶液浸泡、热水漂洗和速冻处理。预处理是在油炸前调整甜度、酸度，或在原料表面涂膜等工艺处理。对一些含水率较高的原料要进行预干燥，以降低油炸前原料的含水率，有固形、缩短油炸时间的作用。真空油炸是关键工序，将原料装入油炸筐后放进锅内固定好，关闭密封门抽真空，选择合适的加热方式。不同的原料要选择不同温度、真空度和油炸时间。脱油方式有多种，可根据不同的生产设备和工艺要求进行选择，脱油后的真空油炸食品的含油率在25%以下，含水率在3%左右。真空油炸食品适宜用真空铝塑包装或真空充氮铝箔包装，保存期可达3个月，口感及风味仍佳。

第四讲 水产品包装

话题 1 包装材料的要求及包装技术

导读 水产品的种类繁多,可采用的包装材料、容器各异,包装的形式方法也多种多样,但要形成一个水产品独立包装件的基本工艺过程和步骤是一致的。形成一个水产品独立包装件的基本技术和方法称为水产品包装基本技术。

水产品包装材料

水产品包装材料指用于制造水产品包装容器、包装印刷、包装运输等满足水产品包装要求所使用的材料,它既包括聚乙烯塑料、纸、泡沫箱、聚氯乙烯贴布革水产袋、玻璃纸、玻璃罐等主要包装材料,也包括胶带、捆扎带、印刷材料等辅助包装材料。

通过对水产品的包装,可以达到保护产品质量、延长产品的保存期、方便产品流通、提高产品的竞争力、增加销量等目的。

水产品的商品化处理与配送

对包装材料的要求

● **一定的力学性能** 水产品包装材料应能够有效地保护水产品,因此应具有一定的韧性、强度和弹性,以适应冲击、压力、震动等因素的影响,防止因包装材料的破损而影响水产品的品质。

● **一定的隔绝性能** 水产品的包装材料应该具有一定的隔绝性能,对水分、气体、光线、异味、热量等具有一定的阻挡作用,以保持水产品的鲜味及新鲜度,防止水分的蒸发和细菌污染,尽量减少水产品脂肪的氧化变质,防止产品滴汁及气味污染等。

● **良好的安全性能** 作为食品类包装材料,其安全性显得尤为重要。水产品的包装材料必须保证使用全新的不含有对人体健康有危害的成分,并且要保证不影响产品的品质,对产品不能有任何污染,包括气味的污染。

● **宜于加工** 水产品的包装材料应宜于加工,易于制成各种包装容器,便于采取热封或者其他封口工艺,同时应适于进行大规模包装,适于印刷,便于印刷产品信息及包装标志等。

● **取材应方便、经济** 包装材料应选用来源广泛、取材方便的材料,包装的结构设计应适用包装技术的要求,以优化包装性能,降低包装成本。另外,使用后的包装材料和包装容器应易于处理,不污染环境,避免造成公害。

● **应具有良好外观** 水产品的包装材料应具有一定的透明度和表面光泽度及可塑造性，能够让消费者看清自己所购买的产品，使消费者能够放心购买。同时，水产品的包装材料应该便于设计，以达到美化产品的形象，增加吸引力，促进销售的目的。如图 4—1 所示。

对水产品进行包装是保质保量将水产品销售给消费者的重要保证，包装材料的选择又是实现对水产品高质量包装的关键环节。因此，选择安全、有效、合适的包装材料是提高水产品市场销售量的重要保障。

图 4—1　包装材料外观

水产品包装方法

水产食品包装基本技术主要包括：食品充填、灌装技术和方法，裹

水产品的商品化处理与配送

包与袋装技术和方法，装盒与装箱技术，热成型和热收缩包装技术，封口、贴标和捆扎技术与方法等。为进一步提高包装水产食品质量和延长包装水产食品的储存期，在食品包装的基本技术基础上又逐渐形成了水产食品包装的专用技术，如真空包装、充气包装、防潮包装、无菌包装等。

1. 食品充填与灌装技术

（1）食品充填技术

食品充填技术分为称重充填法、容积充填法和计数充填法。

● **称重充填法的特点**　适用于易吸潮、易结块、粒度不均匀、容重不稳定的物料计量。称重充填法要求精度较高，但工作效率较低，装置结构较复杂，多用于充填粉状和小颗粒食品。

● **容积充填法的特点**　工作效率高，装置结构简单，广泛用于计量流体、半流体、粉状和小颗粒食品，但不适用于容重不稳定的物料。

● **计数充填法的特点**　设备和操作工艺简单，可手动、半自动或自动化操作，适用于多种包装方法，如热收缩包装、泡罩包装等。

（2）灌装技术

常用的包括常压灌装、真空灌装、等压灌装和机械压力灌装。

2. 裹包及袋装技术

● **裹包的形式**　裹包的形式有半裹包、全裹包、缠绕裹包、贴体裹包、收缩裹包和拉伸裹包。裹包的方法有折叠式裹包和热熔封缝式裹包。袋装技术有预制袋和制袋—充填—封口两种。预制袋是在包装之前预先用制袋机制成袋，在包装时先将袋口撑开，充填物料后封口，主要适用于手工包装。制袋—充填—封口是在一台设备上连续完成三步动作而形成产品的包装，是目前较为先进的一种包装技术。

● 装盒的方法　装盒的方法有手工装盒、半自动机械装盒和全自动机械装盒。现代商品生产中应用的装盒机多种多样，主要的包装机型有开盒成型—充填—封口自动装盒机、纸盒成型—充填—封口装盒机、开盒—衬袋成型—充填—封口机、半成型盒折叠式裹包机。

● 注意事项　选用瓦楞纸箱首先应考虑水产品的性质、质量、储运条件、流通环境等因素；运用防震包装设计原理和瓦楞纸箱设计方法进行设计时，应遵照有关国家标准，出口商品包装要符合国际标准或外商要求，并经过有关测试，在保证纸箱质量的前提下，尽量节省材料和包装费用；另外，应考虑储运堆垛时的稳定性。

3. 热收缩和热成型包装技术

● 包装要求　能适应各种大小及形状的物品包装，如蔬菜、水果、整体的鱼肉食品及带盘的快餐食品或半成品的包装。并且，可以实现对食品密封、防潮、保鲜包装，具有良好的保护性。

● 热成型加工方法　按成型施加压力的方式不同，分为差压成型、机械加压成型及介于两者之间的柱塞助压—差压成型等几种热成型方法。包装容器热成型主要包括加热、成型和冷却脱模三个过程。

● 技术要求　一是确定合理的拉伸比；二是确定热成型温度、加热时间和加热功率；三是注意热成型模具的几何尺寸。

● 封口技术　封口技术涉及不同的包装容器口部形状以及是否使用封口材料等内容。封口方式大致可分为无封口材料的封口、有封口材料的封口和有辅助封口材料的封口。

● 贴标技术　大致可分为冷胶或热熔胶（包括热敏胶）贴标和

水产品的商品化处理与配送
SHUICHANPIN DE SHANGPINHUA CHULI YU PEISONG

压敏胶标签贴标。贴标机的贴标工序为：取标→标签传送→印码→涂胶→贴标→熨平。

● **捆扎技术** 各种包装件可能会有不同的捆扎要求，但都可以用基本原理相似的捆扎工艺来完成。捆扎基本工艺过程如图4—2所示。

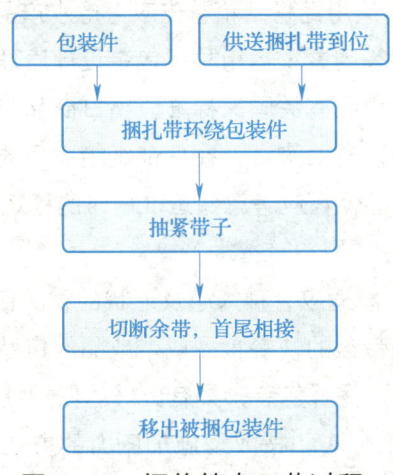

图4—2 捆扎基本工艺过程

话题 2 常用包装材料及容器

导读 根据水产品的不同形态和加工手段应用不同的包装材料和容器。包装材料和容器对于水产品的品质也有重要影响。

水产品的商品化处理与配送

鲜活水产品的包装要求

- 为了保证水产品的鲜度,应及时将鲜活水产品送进市场,送到消费者手中,这样才能够满足消费者对品质的需求。
- 为了保持鲜活水产品的鲜味及新鲜度,应该通过包装来防止水分的蒸发和细菌的二次污染,尽量减少水产品脂肪的变质,防止产品滴汁及防止气味污染等。

水产品包装材料的选择

鲜活水产品包装材料的选择见表4—1。

表4—1　　　　　鲜活水产品的包装材料

种类	包装材料及要求
鱼类	①LDPE(低密度聚乙烯)薄膜、涂蜡纸盒或涂以热熔胶(见图4—3)的纸箱；②切开的鱼肉可在托盘外面罩上收缩膜；③MAP(气调)包装可采用PET/PE(聚对苯二甲酸乙二醇酯/聚乙烯)、PP/EVOH/PE(聚丙烯/乙烯-乙烯醇共聚物/聚乙烯)、PA/PE(聚酰胺/聚乙烯),采用的气体及比例根据鱼的种类不同而不同
虾类	包装前要去头、去皮,装入涂蜡的纸盒中；或者用PE、PVC(聚氯乙烯)、PS等容器包装；也可用PA/PE膜(见图4—4)真空包装；鲜活的虾可放在冷藏桶的冰水中充氧后密封包装

续表

种类	包装材料及要求
贝类	把扇贝放到有冰块降温的容器中保持3~5℃，冰化的水直接从底板下流走，待运输结束，把扇贝放到它生活的海水温度即可；新鲜的扇贝去掉壳，把肉洗净冷冻，装在涂塑纸盒（见图4—5）或塑料热成型盒中
牡蛎等软体动物	可用玻璃纸、涂塑纸张、氯化橡胶、PP/PE等薄膜包装，涂蜡纸盒外面可用玻璃纸、OPP（邻苯基苯酚）等薄膜包裹

 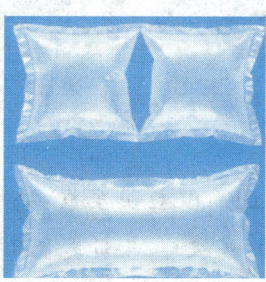 

图4—3 热熔胶　　　图4—4 PA/PE膜　　　图4—5 涂塑纸盒

加工水产品包装材料的选择见表4—2。

表4—2　　　　加工水产品的包装材料

种类	包装材料及要求
盐渍类	防止水分漏出和杂质污染，可用塑料桶、箱包装
干制类	防潮材料：BOPP（双向拉伸聚丙烯薄膜）/PE膜（见图4—6），涂铝复合薄膜真空或充氮包装
罐装类	软罐头（见图4—7）、金属罐头、玻璃罐头
鱼松	先用BOPP/PE、PET/PE或BOPP/铝箔/PE等复合薄膜袋包装，再用纸盒包装出售
水产熟食品类	BOPP/PE、PET/PE或者较高档的PP/PVDC（聚偏二氯乙烯）/CPP（流延聚丙烯）共聚膜或PET/Al/CPE（氯化聚乙烯）复合膜

水产品的商品化处理与配送
SHUICHANPIN DE SHANGPINHUA CHULI YU PEISONG

图4—6　BOPP/PE 膜

图4—7　软罐头

专家提示

　　一般在超市买到的新鲜鱼贝类食品，许多是装在盘中后用PVC、PE等薄膜包装的；高级虾、干贝类食品是放在泡沫PS容器中，用高聚物薄膜密封包装的；沙丁鱼和秋刀鱼之类的鲜鱼则是放在盘中，用PVC塑料的弹力拉伸薄膜包装的。

话题 3　外包装上的食品标签与质量标志

　　导读　在琳琅满目的商品中，各种食品的外包装上都有标签和标志（见图4—8），水产品的经营者应了解这些标签和标志的含义，才能按照国家有关管理部门的要求,在自己经营的水产品包装上正确标注,让消费者看得懂、分得清。

图4—8 食品的外包装

 **食品标签必须标注的内容**

1. 食品名称
2. 配料表

● 除单一配料的食品外,食品标签上必须标明配料表。

● 配料表的标题为"配料"或"配料表"。

● 各种配料必须按加入量的递减顺序——排列。

● 如果某种配料本身是由两种或两种以上的其他配料构成的复合配料,必须在配料表中标明复合配料的名称,然后在其后加括号,按加入量的递减顺序——列出原始配料。

● 各种配料必须按规定使用具体名称。

水产品的商品化处理与配送
SHUICHANPIN DE SHANGPINHUA CHULI YU PEISONG

● 当加工过程中所用的原料已改变为其他成分（指发酵产品，如酒、酱油、醋等）时，为了表明产品的本质属性，可用"原料"或"原料与配料"代替"配料"。

3. 净含量及固形物含量
● 液态食品，计量单位用体积；固态食品，计量单位用质量[①]；半固态食品，计量单位用质量或体积。

● 容器中含有固、液两相物质的食品，除标明净含量外，还必须标明该食品的固形物含量，用质量或百分数表示。

● 同一容器中如果含有相互独立且品质相同、形态相近的几种食品时，在标明净含量的同时，还必须标明食品的数量。

● 制造者、经销者的名称和地址必须标明食品制造、包装、分装或销售单位经依法登记注册的名称和地址。

● 进口食品必须标明原产国、地区（指香港、澳门、台湾）名及总经销者在国内依法登记注册的名称和地址。

4. 日期标志和储藏指南
● 必须标明食品的生产日期、保质期。

● 日期的标注顺序为年、月、日。

● 若食品的保质期与储藏条件有关，必须标明食品的储藏方法。

5. 质量（品质）等级
产品标准（国家标准、行业标准）中已明确规定质量（品质）等级的食品，必须标明食品的质量等级。

6. 产品标准号
必须标明产品的国家标准、行业标准或企业标准的代号和顺序号。

---

① 在日常生活中，常使用"重量"一词。

农产品加工与经营知识普及丛书
NONGCHANPIN JIAGONG YU JINGYING ZHISHI PUJI CONGSHU

水产品的商品化处理与配送
SHUICHANPIN DE SHANGPINHUA CHULI YU PEISONG

7. 特殊标注内容

经电离辐照或电离能量处理过的食品，必须在食品名称附近标明"辐照食品"。经电离辐照或电离能量处理过的任何配料，必须在标签中加以说明。

8. 允许免除标注内容

产品标准（国家标准、行业标准）中已明确规定保质期在18个月以上的食品，可以免除标注保质期。

9. 推荐标注内容

食品外包装上推荐标注的内容包括批号、食用方法、热量和营养素。如图4—9所示。

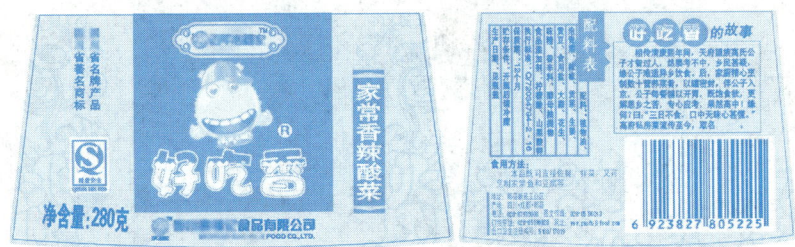

图4—9 食品标签示例

 **食品标签的基本要求**

● 食品标签不得与包装容器分开。

● 食品标签的一切内容，不得在流通环节中变得模糊甚至脱落；

必须保证消费者购买和食用时醒目、易于辨认和识读。

● 食品标签的一切内容，必须清晰、简要、醒目。文字、符号、图形应直观、易懂，背景和底色应采用对比色。

● 食品名称必须在标签的醒目位置。食品名称和净含量应排在同一视野内。

● 食品标签所用文字必须是规范的汉字。

● 可以同时使用汉语拼音，但必须拼写正确，字体不得大于相应的汉字。

● 可以同时使用少数民族文字或外文，但必须与汉字有严密的对应关系，外文字体不得大于相应的汉字。

● 食品标签所用的计量单位必须以国家法定计量单位为准，如质量单位用 g 或克，kg 或千克；体积单位用 mL 或毫升，L 或升。

外包装上常见的质量标志（见表4—3）

表4—3　　　　　　外包装上常见的质量标志

标志	说　明
食品质量安全标志 （Q 质量安全）	由于食品质量安全问题十分突出，国家质检总局在建立食品安全市场准入制度的同时，创建了一种既能证明食品质量安全合格，又便于监督，同时也方便消费者辨别，全国统一规范的食品市场准入标志。食品市场准入标志在使用时可以根据需要按比例自行缩放，但不能变形、变色

水产品的商品化处理与配送
SHUICHANPIN DE SHANGPINHUA CHULI YU PEISONG

续表

标志	说　　明
可回收标志	商品包装上附有此回收标志表示可回收，而且回收代表东西可再被利用。它被印在各种各样的商品和商品的包装上。这个标志不仅提醒人们，在使用完印有这种标志的商品后，请把它送去回收，而不要把它当成垃圾扔掉；也标志着商品或商品的包装是用可再生的材料做的，因此是有益于环境保护的
绿色食品标志	绿色食品标志是由中国绿色食品发展中心在国家工商行政管理总局商标局正式注册的质量证明商标。它告诉人们绿色食品是出自纯净、良好生态环境的安全无污染食品，能给人们带来蓬勃的生命力，还提醒人们要保护环境，创造自然界新的和谐。绿色食品与普通食品相比有三个显著特征：强调产品出自最佳生态环境；对产品实行全程质量控制；对产品依法实行标志管理
无公害农产品标志	无公害农产品认证由农业部农产品质量安全中心依据认证认可规则和程序，按照无公害农产品质量安全标准，对未经加工或初加工的食用农产品产地环境、农业投入品、生产过程和产品质量等环节进行审查验证，向经评定合格的农产品颁发无公害农产品认证证书，并允许使用全国统一的无公害农产品标志
中国环境标志	中国环境标志于1993年8月由中国国家环保局正式颁布，是一种标在产品或其包装上的标签，是产品的"证明性商标"。它表明该产品不仅质量合格，而且在生产、使用和处理处置过程中符合特定的环境保护要求，与同类产品相比，具有低毒少害、节约资源等环境优势

续表

标志	说　明
原产地域产品标志	凡国家公告保护的原产地域产品，在保护地域范围的生产企业，经国家质检总局审核并注册登记后，可以将该标志印制在产品的说明书和包装上，以此区别同等类型但品质不同的非原产地域产品
有机食品认证标志	有机食品在生产加工过程中绝对禁止用农药、化肥、激素等人工合成物质。有机食品种类目前包括粮食、蔬菜、奶制品、禽畜品、蜂蜜、水产品、调料等。凡符合《OFDC 有机认证标准》的产品均可申请认证，经 OFDC 颁证委员会审核同意颁证后，授予该标志使用权。标志在使用时只能等比例放大或缩小，不能变形和变色

话题 4　水产品包装中常见的问题及解决方法

计量不足问题

● 在冷冻水产品包装方面存在的问题主要是计量不足。大部分消费者在超市购买的水产品属于包冰衣、冰被的冷冻水产品，如袋装冰

水产品的商品化处理与配送

冻带鱼段包装袋上标称的净重为 450 克,解冻后沥干水分称重为 368 克,实际净重只有标称的 81.8%,冰冻鱿鱼花包装袋上标称的净重为 420 克,解冻后沥干水分称重为 290 克,实际净重只有标称的 69%。

● 这就要求生产者在进行包装时要严格杜绝故意作假,造成缺斤少两,同时还要注意称量设备的管理与维护,提高称量人员的业务素质,使非人为因素造成的计量不足现象最小化。

材质不过硬,包装质量差

● 一些质量较差的水产品包装经不住长途运输和多次搬运,使包装体破碎,损坏了产品的内在质量,造成了严重的损失。

● 生产商在购买或生产水产品包装材料时注重质量,不能为了蝇头小利而造成更大的损失。

不符合"绿色包装"的要求

● 有些包装材料中含有污染环境和影响健康的有毒成分,最终影响了水产品自身的质量。

● 要求生产商提高环保意识,在使用水产品包装材料时可使用新型绿色水产品包装材料、可降解材料等。有条件的生产商可使用可食性包装材料。不符合要求的绿色包装标志如图 4—10 所示。

图 4—10　不符合要求的"绿色包装"标志

 **水产品包装标志图案及文字说明不符合相关要求和规定**

● 在水产品包装的过程中,生产者应提高自身素质,应了解相关水产品包装对标志图案及文字说明的各种要求,按照相关的标准、法律规范来进行水产品的包装。

● 在总体方面,生产者应不断了解国内外包装新动态,注意收集市场上对水产品包装的新要求,以及传统文化习俗和对包装的图案、文字及其禁忌的要求等。摒弃那些华而不实的水产品包装思想和行为,提倡适度包装,尽量简化包装,既达到包装目的,又节约成本。

第五讲　水产品配送

话题 1　水产品配送流程及特点

导读　全世界对鲜水产品和加工水产制品的需求量很大，这已促使许多水产制品加工企业和生产商设法改进运输及供给方式，以便向消费者提供高质量的产品。在运输水产品的过程中，不仅要有防雨、防尘设施，还应根据原料特点配备冷冻、冷藏、保鲜、保温、保活等设施。运输工具应符合卫生要求，运输作业中应防止污染，防止原料受损伤；储存及运输中要远离有毒有害物品。

随着养殖、捕捞生产领域的规模化经营以及流通领域经销商的优胜劣汰，生产商、经销商的数量在不断减少，而其单体的生产、经销规模不断增加，产销直挂是水产品流通的发展趋势。

传统配送流程

生产商（养殖、捕捞）→产地水产品市场→销地水产品市

场→零售商（含菜市场零售商、超市、餐馆、单位食堂等）→终端消费者

新型配送流程

生产商（养殖、捕捞）→零售商（含菜市场零售商、超市、餐馆、单位食堂等）→终端消费者

水产品配送的特点

● 水产品自身的特点增加了水产品物流配送难度 水产品产销距离远，活水产品容易死亡，死水产品容易变质，包装简陋，导致水产品在物流配送过程中保鲜保活保质的难度和成本增加。

● 水产品重量误差控制困难，影响水产品物流配送的覆盖面 高端水产品由于单价很高，水产品物流配送过程中对重量误差的控制要求很高，但是，水产品恰恰由于本身含水量较高，加上鲜活水产品和冰冻水产品由于时间的长短和温度的高低对水产品重量影响较大，重量的差异控制难度较大。

● 水产品配送成本控制困难，影响水产品物流配送的覆盖面 在水产品物流配送的过程中，经常会遇到单次数量少、品种规格多的

水产品的商品化处理与配送

SHUICHANPIN DE SHANGPINHUA CHULI YU PEISONG

问题,如对餐馆的物流配送,在人工成本和燃油成本高涨的情况下,配送成本难以控制。

● 水产品配送对清洁卫生、物流设备和工作人员有特殊要求

水产品与各类食品一样,具有特定的保鲜期和保质期,为了保证食品的营养成分和食品安全性,食品物流对食品交货时间均有严格要求。水产品中的生鲜水产品和冷冻水产品,则需要相应的物流冷链。

> **小贴士**
>
> 　　除一般配送特点外,水产品配送还需注意以下要素:活水车运输、冰鲜海产品运输、冷库及冷藏车运输技术等。随着商业配送模式的不断创新,出现了高速公路运输、计算机网络技术、全球定位系统、条形码技术等新型技术。

话题 2　水产品配送的作业设施及设备配置

配送设备的类型

按照运输工具的不同,水产品的运输分为陆路、水路、空中等不同

水产品的商品化处理与配送

运输方式,陆路运输包括公路运输和铁路运输,水路运输包括河运和海运。对水产品运输来说,选择运输工具或运输方式应考虑运载量大、成本低、投资少、速度快、受季节和环境变化影响小等因素。

 **水产品冷链物流配送系统**

水产品冷链物流配送系统是当前迫切需要建立的系统,它是优质水产品与消费者紧密联系的纽带,是发展我国水产品市场的桥梁和网络(见图5—1),它由全球定位系统(GPS)、地理信息系统(GIS)、网络平台和配送软件系统组成。

 **水产品配送作业流程**

经过电话、e-mail、传真、业务人员跑单、网站等途径获得订单,将客户地理位置在电子地图上显示出来。按照车辆调度优化模型,路径最短、时间最短、成本最低等给出配送方案,确定配送路线及时间计划。根据车辆固定成本、单位距离油耗、行驶距离、司机工资、加班工资等,按照模型计算配送成本,按照送货顺序、货物特性给出装货清单。对配送结果进行确认(主要包括车辆行驶的信息反馈和配送订单配送情况的反馈)并进行处理。

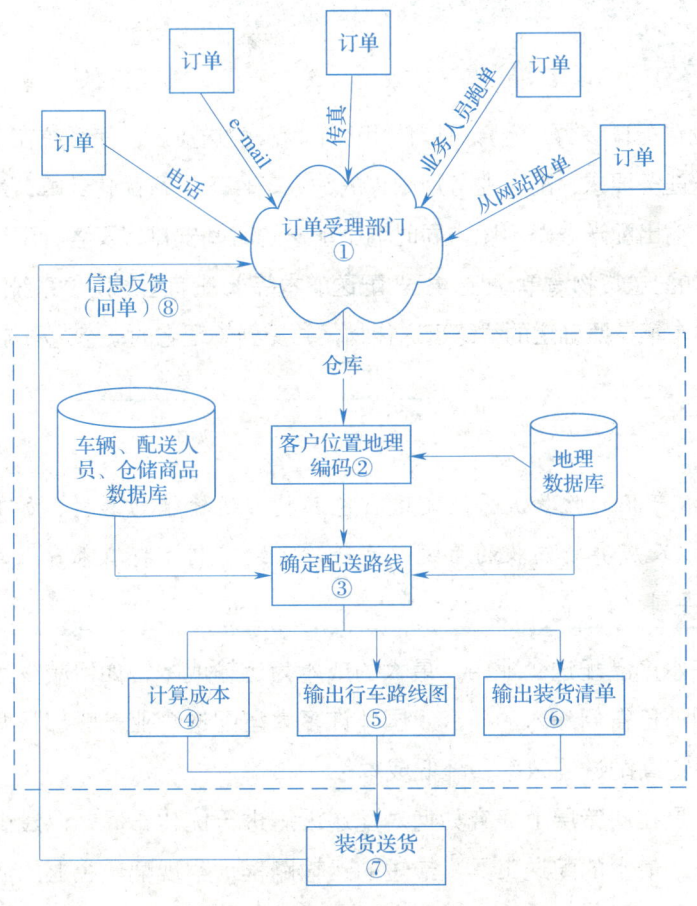

图 5—1 水产品冷链物流配送系统

水产品的商品化处理与配送

 **车辆调度系统作业流程**

设置配送参数,选择可以使用的车辆及配送员工,使系统在满足各种配送任务要求、配送业务规则等的约束条件下进行优化计算,最后在地图上输出配送线路地图,同时输出配送的时间安排以及各种配送统计表格(如配送货物清单、配送里程、配送成本等)。配有全球定位系统(GPS)的运输车辆按照确定的线路运送货物,并受到管理者的动态过程控制。

 专家提示

水产品回收物流系统是进行包装物、运输辅助器材、加工下脚料以及废弃物回收的系统,运行该系统有利于将有限资源再开发和再利用。

在水产品配送企业中,最大的成本为运输成本,如何减少运输成本在国外已得到深入的研究。国外许多大型配送企业一般都从两个方面着手提高配送的效率和降低成本:

一是在决策层上研究如何对配送设施进行优化布局,以最少的配送中心、最少的配送工具、最短的运输路程,实现配送企业的低成本运转。这一领域也称为物流配送设施的选址规划。

二是在日常的车辆调度运作层上进行配送优化,以每天的配送任务为中心，在有限的配送资源条件下以最低成本、最大限度地满足客户要求为目标进行配送计划优化，获得优化的、可实施的配送路线安排和时间计划。

话题 3　水产品配送管理

水产品配送的运输工具要求

● 运输工具包括车厢、船舱和各种容器，应符合卫生要求，使用前必须进行清洗消毒。

● 运输工具应根据产品特点，配备防雨、防尘、降温、保温等设施。水产品水运和陆运要配有防雨、防尘设施。冷冻及冷藏食品的运输，要求使用冷藏车、保温车和有降温设施的冷藏船舱及机舱。

理想的运输容器具备的条件

● 防止对水产品的外表损伤。
● 防止产品失水过多。

水产品的商品化处理与配送

- 防止水产品变质,产生哈喇味儿。
- 防止水产品遭受外部污染。
- 绝热性能要好,保持内部温度。
- 防水且易清洗,容器本身无特殊气味,干净卫生。
- 经济划算等。

 **操作要点**

- 水产品在配送过程中应避免震荡、撞击,要轻拿轻放,防止损伤成品外形,且不得与非食品物资(如农药、化肥、有毒有味气体等)同时运输;应防止受潮、日晒、虫害物质的污染及其他损害;必须严格控制冷冻水产品的运输温度,防止产品变质,用清洁卫生的冷藏车或保温车运输。

 **专家提示**

- 在鲜鱼的运输过程中,既可以采用大至12长、有独立制冷装置的重型运输车,又可以采用小至靠绝热材料(如泡沫塑料等)保持温度的车辆,必要时还可在车内通氧,以保证水产品鲜活。

- 在运输冷冻水产品过程中,为减少外界侵入热量的影响,要尽量集中码放,但应保证货垛与车厢或集装箱的围护结构之间留有空隙,以提供冷空气循环。在运输到目的地交接时,产品中心温度应不高于-8℃。

● 冷藏库和冷冻库外面应设有预冷间,作为收货和装货时的温度缓冲区。预冷间的卸货平台在装卸货物时正好封住对外开放的门,从而隔绝外界温度和灰尘。装车时应根据水产品对温度的敏感程度依次装车,车内温度保持在与规定温度偏离 ±2℃的范围内。当外界温度为 35℃以上时,要提前启动制冷设备,待车内温度达到要求后再装货,装卸时应防止机械损伤。

专家提示

装货时仔细检查包装,避免将非食品材料混进包装中。

话题 4 水产品配送中常见的问题与解决方法

水产品活体运输的关键因素

1. 水温

水温是影响水产品活体运输存活率的重要环境因素。较低的保活温度对长时间保活运输的存活率具有积极作用。而且温度越高,水产动物的排泄也会越多,对水的污染也越严重,从而影响存活率。

水产品的商品化处理与配送

 专家提示

各种水产品都有自己的适温范围,超出适温范围就容易死亡。因此在活运过程中,适当地控制温度非常重要。在换水或加冰过程中要防止温度急剧变化。一般温水性鱼类的运输水温以6~15℃较为合适,以温差不超过5℃为宜。

2. 氧气

水中溶氧适量是影响活体生存的重要因素之一,一般温水性鱼类运输时,水中溶氧至少需要保持在5微克/升以上。为此,在活水产品运输时要积极地设法供给氧气。

3. 二氧化碳

水生动物在水中也和其他动物一样吸进氧气,排出二氧化碳。如果水中的二氧化碳过多,即使水中的溶解氧处于饱和状态,水产品也会窒息死亡。

 专家提示

如果水中的二氧化碳过多,可用打水机等排除,同时可增加水中溶氧量,以帮助水产品抵御不良环境。

4. 盐度

盐度对淡水鱼生存具有重要影响,适宜的盐度对于淡水鱼保活具有积极的作用。盐度过高,鱼体失水,体重变轻,对淡水鱼会产生毒性作用,不利于鱼类的保活运输。

水产品的商品化处理与配送

 专家提示

使用食盐是鱼类保活运输中保护鱼体的有效方式之一。在水中添加适量的食盐有助于降低鱼类的应激反应,减少鱼体的黏液分泌,降低水体中的泡沫量,延迟鱼类死亡。

5. 水产品活体种类的规格与体质

不同种类的水产品具有不同的生活习性,对外界的反应敏感程度不一,即使同种种类,其成体与幼体也存在很大的差异。在运输前,活水产品必须经过锻炼,越是长途运输锻炼要求越严格。为减少活运途中水产品对氧的消耗和应激反应,运输前常暂养1~2天。同时应采取逐步降温的方式使水产品适应低温环境。

6. 水质

在运输容器内水产品的密度很大时,水质的影响会很突出。运输用水必须选择水质清新、含有机质和浮游生物少、中性或微碱性、不含有毒物质的水。

 **专家提示**

澄清的河流、湖泊、水库等大水面的水较清新,适宜作为运输用水;养鱼池的水较肥,一般不宜采用。井水往往含氧量较低,宜先注入水泥池停置2~3天或用充气泵增氧后使用。自来水中含有余氯,使用前必须除去水中的氯。

7. 防止细菌的繁殖

水产动物分泌的黏液和排泄物，会成为细菌的食物和培养基，使细菌迅速生长。为了提高运输存活率，通常采取活体水产品在运输前暂养或进行清肚，使其排空粪便，从而减轻或避免运输中对水的污染，避免细菌的繁殖。

如何选择活运中的装载密度

塑料袋装运鱼苗、鱼种的密度与活运时间、温度、鱼体大小与鱼的种类有关。用70厘米×70厘米的塑料袋，加水8～10千克，在水温25℃时装运鱼苗、鱼种的密度见表5—1。

表5—1　　　　25℃水温时的装运密度

运输时间/小时	装运密度/（尾/袋）		
	鱼苗	夏花鱼种	8.3～10厘米鱼种
10～15	16万～19万	2 500～3 500	400～500
15～20	11万～13万	1 500～2 500	
20～25	8万～9万	1 500～2 000	
25～30	6万～7万	800～1 000	

冷水性鱼与暖水性鱼运输合适水温差别

水产品活体运输的合适水温范围随水产品种类、水产品生态环境和

水产品的商品化处理与配送

运输季节情况而发生变化。对于不同的鱼类来说，运输的合适水温见表5—2。

表5—2　　　　　　不同鱼种的运输合适水温

鱼种	合适水温/℃
夏季冷水性鱼类	6～8
夏季暖水性鱼类	10～12
春秋冷水性鱼类	4～6
春秋暖水性鱼类	6～8
冬季鱼类	2～3

水产品活体运输的方式

● **帆布桶运输**　适用于虾苗、亲虾、亲鱼等的运输。桶内的装水量约为容积的2/3即可，装运鱼、虾的数量可根据鱼、虾个体大小、水温高低、运输时间长短等条件而定，一般每立方米水可装成鱼100千克左右。

● **塑胶袋充氧运输**　主要用于受精卵、鱼苗、鱼种、亲鱼、虾苗、亲虾等，适用得当，存活率高。将塑胶袋注入水放入鱼后，先将袋里的空气挤出，然后充氧，再将塑胶袋扎紧。

● **氧气运输**　把氧气运输剂放在水中6小时，可产生1升氧气，能减少鱼类因密度过高、氧气不足引起的死亡。

> **专家提示**
>
> 氧气运输剂配方为:过氧化氢15克,抗坏血酸15克,活性炭15克,pH调节剂5克,黏合剂5克,丙烯酸-己烯醇共聚物5～6克。

● **药物辅助运输**　采用麻醉剂抑制水产品中枢神经,使其失去痛觉和反射功能,造成活运水产品行为迟缓,降低了呼吸和代谢强度,从而提高了存活率。常见的麻醉剂有:乙醇、乙醚、巴比妥钠、苯氧乙醇等。

● **活鱼保鲜运输**　在放鱼的容器里充入5% 二氧化碳和50% 氧气,可使鱼处于休眠状态,鱼在这种混合空气中可熟睡30小时。

● **离水运输**　不直接加水到运输容器里,只加冰块或用湿布维持水产品生存。此法适用于鱼种和亲鱼运输。我国的蟹苗、鳗苗、梭子蟹成体等也有采用此法运输的。

● **淋水运输**　部分特种水产品,短期抗缺水能力较强,在运输时可用淋水运输,如鳖、乌龟、青蟹等的运输。在运输途中要定时观察所运活体,适当喷淋淡水或海水以保持其身体湿润。

第六讲　水产品标准与质量检验

话题 1　水产品质量标准管理规范

导读　水产品含有丰富的蛋白质、脂肪、矿物质和维生素等，肉质鲜美，营养价值较高，是人类的主要食物来源之一。随着世界海洋渔业、水产养殖及水产加工业的迅速发展和全球经济一体化进程的加快，水产品贸易在我国国际贸易中的地位更加重要。与此同时，人们对水产品质量安全的要求也越来越高。为适应生产发展和国内国际贸易的需要，保护消费者利益，我国制定了相应法律法规与水产品质量安全卫生标准，并依据法律法规与质量安全卫生标准对水产品实施检验。

规定水产品质量特性应达到的技术要求，称为水产品质量标准。水产品质量标准是水产品生产、检验和评定质量的技术依据。自1971年发布第一项水产部颁标准以来，我国已制定水产国家标准56项、行业标准454项。

水产品质量标准的主要内容

水产品质量标准的主要内容包括外观品质、营养品质、卫生品质三部分。

● 原料要求　原料的质量直接关系到水产品的外观、营养和卫生品质。

● 感官要求　对水产品的性状、色泽、滋味、气味等感官指标的鉴定，能直接、快速地判断水产品的质量及其变化状况。

● 物理、化学性有害物的限量指标　水产品在生产加工过程中是否受到有毒物质污染或原料是否含有有害物质的指标，此类指标通常采用限量规定，表达为"小于等于"或"不得检出"。

● 微生物指标　国家食品卫生标准中，微生物指标是最主要也是最常用的一类卫生标准，一般对菌落总数、大肠菌群、霉菌、酵母菌四类指标规定菌落计数限量，而对肠道致病菌则规定"不得检出"。

● 营养指标　对水产品中具有营养价值的各种成分的构成与含量比例所规定的指标。

● 水产品包装、储存、运输标准。

水产品的商品化处理与配送

水产品加工质量管理规范体系

● 目前,国内水产品加工业的管理水平较发达国家落后,在市场经济的新形势下,建立严格的符合本行业特点的质量保证体系,开展水产品质量认证工作,是促进水产品加工产业化、提高产品质量的必要措施。开展水产品质量认证工作需要有相应的技术依据,而水产品加工质量管理规范的制定满足了加强管理的需要,填补了缺乏行业统一的水产品质量管理标准的空白。

●《水产品加工质量管理规范》(SC/T 3009—1999)已由农业部于1999年10月13日批准发布(农市[1999]146号文《关于颁布〈水产品加工质量管理规范〉等5项行业标准的通知》)。制定本标准的技术依据为《中华人民共和国产品质量法》第九条的规定,并以"危害分析与关键控制点"(HACCP)原则作为质量保证体系的基础,并参考了国内及国外先进标准、法规。

《水产品加工质量管理规范》的实施范围

《水产品加工质量管理规范》对水产品加工企业的"原料、辅料及加工用水与冰""生产设施""成品包装、标签、储存、运输""生

水产品的商品化处理与配送

产过程的监控""人员要求""卫生控制程序""管理制度"等进行了规定。

1. 原料、辅料及加工用水与冰

● 所有用于水产食品加工的水产品原料必须采自无污染水域,品质新鲜,不得含有毒有害物质,也不得被有毒有害物质污染,不得使用任何未经许可的食品添加剂。

● 所有用于水产食品加工的贝类原料必须采自符合中华人民共和国渔政渔港监督管理局颁布的《贝类生产环境卫生监督管理暂行规定》要求的未被污染水域。贝类原料必须使用活品,并应按有关规定进行暂养或净化。若在原料产地收购脱壳的贝肉,企业应派员检查原料来源并监督贝肉加工过程。

● 水产品原料在储存及运输过程中,不仅要有防雨、防尘设施,还应根据原料特点配备冷冻、冷藏、保鲜、保温、保活等设施。运输工具应符合卫生要求,运输作业应防止污染,防止原料受损伤,储存及运输中要远离有毒、有害物品。水产品加工的原料易受污染和腐败变质,例如某些爆发污染事件(如石油船漏或乱排压舱水)造成了海域污染,必须禁止使用从这些海域捕捞或养殖的水产原料。

● 作为加工原料的养殖水产品必须经过停药期的处理,其药物残留量不得超过中华人民共和国农业部颁布的《动物性食品中兽药最高残留限量(农业部235号公告)》中的规定。

● 所有水产品原料必须进行进厂检查验收,以确保原料的来源和质量符合强制性标准或法规的要求。

● 辅料要求。加工过程中使用的辅料(包括食品添加剂等)必须符合国家有关规定。食品添加剂的使用要符合《食品添加剂使用标准》（GB 2760—2011）的规定，严禁使用未经许可或水产品进口国禁止使用的食品添加剂。

● 加工用水与冰。加工用水应符合《生活饮用水卫生标准》（GB 5749—2006）的要求。所用海水应符合《海水水质标准》（GB 3097—1997）规定的第一类。加工用水必须充足。使用非自来水的工厂，应设净化池或消毒设备；储水池（塔或槽）应设有防止外来污染的措施，使用的地下水源应远离污染源；不允许直接使用地表水。生产过程使用的冰块应符合《人造冰》（SC/T 9001—1984）的要求，其制冰、破碎、运输均应在严格的卫生条件下进行。应定期进行水质卫生检测，并保存记录。

2. 生产设施

(1) 厂区环境

工厂要远离有害场所，周围无物理、化学、放射性的污染源。厂区道路应通畅，主要通道铺设水泥或沥青；厂区环境优美，绿化良好，排水系统畅通，地面平整无破损，不积水，不起尘。厂区无不良气味、有毒有害气体、烟尘及危害水产品卫生的设施。厂区禁止堆放不必要的器材、物品；禁止饲养畜禽；消除害虫的孳生地。厂区厕所有冲水、洗手、防蝇、防虫设施，墙壁、地面应易清洗消毒并保持清洁卫生。废弃物下脚料必须放入专用的、不渗水、有盖的容器中，并及时处理、清除。生产过程中废水废料的排放或处理应符合国家环境保护的有关规定。

水产品的商品化处理与配送

（2）厂房及设施

车间按工艺流程要求布局合理，与生产能力相适应，无交叉污染隐患。车间的一般作业区、准清洁作业区、清洁作业区应有明显的标示区分、隔离分流。车间地面采用无毒、坚固、不渗水建筑材料。地面平坦无裂缝，易于清洗消毒。以水冲洗的车间地面应有一定坡度，不积水。排水系统畅通，易于清洗，排水及通风口有防虫蝇及有害动物侵入的装置。车间墙壁、天花板应使用无毒、防水、防霉、不渗水、不脱落、平滑、易清洗的浅色涂料或其他建筑材料。墙角、地角、顶角应有一定的弧度。车间门窗应以平滑、易清洗、不透水、耐腐蚀的坚固材料制作，要严密不变形，生产过程经常开闭的门窗应设有防虫蝇装置（如水幕、窗纱等）。内窗台应有斜度与水平面下斜。车间内光线充足，照明设施的亮度以不改变被加工物的本色为宜。一般生产区域光照强度应为110勒克斯以上；分级、称重、摆盘等加工区域为220勒克斯以上。车间内位于生产线上方的照明设施应加设防爆灯罩或采用其他安全型照明设施，以防灯具破裂时污染食品及容器。车间内应有温度、湿度控制及显示装置，以利于温度、湿度的检查并控制在生产所需范围内。车间供电、供水及排水系统应能适应生产需要。必要时应设储水设备。储水设备要定期清洗、消毒，供、排水管应有明确的标志。加工、包装车间应装有换气或空气调节设备，进、排气口有防止害虫侵入的装置。原料、辅料及包装材料应设专库存放，并保持清洁卫生，定期清理、消毒，并设有防霉、防鼠、防虫蝇设施。内外包装材料要分开存放。

(3) 卫生设施

车间总出入口处应设独立的消毒间，内设洗手盆及靴鞋消毒池。洗手盆的数量以平均10～15人一个为宜。洗手设施附近应备有洗涤用品、消毒液及干手用品。水龙头应采用非手动式开关。靴鞋自动清洗和消毒池的深度应足以浸没鞋面。加工生食鱼、贝片、熟虾仁等即食水产品的车间入口处应设置隔离的消毒间。

与车间相连的更衣室应有足够大的空间和与加工人员数量相适应的更衣柜及鞋柜。更衣室内应通风良好，有适当照明。加工即食水产品的车间更衣室除满足上述要求外，还应在更衣室或其他适当场合设置紫外线消毒装置。

与车间相连的卫生间内应设有冲水装置、洗手消毒设施，并有洗涤用品和干手用品。水龙头应为非手动式。卫生间要保持清洁卫生，门窗不得直接开向车间。

加工区内应设有足够的洗手和消毒设施，确保加工操作人员及时清洗消毒。

(4) 生产设备

设备间应按工艺流程合理布局，不得发生交叉污染。所有用于原料处理及可能接触原料的设备、用具，应由无毒、无害、无污染、无异味、不吸附、耐腐蚀且可承受重复清洗和消毒的材料制造。车间内禁用竹木器具。

水产品加工使用的设备均应符合安全卫生原则，防止微生物及外来物质的污染。

水产品的商品化处理与配送
SHUICHANPIN DE SHANGPINHUA CHULI YU PEISONG

● 直接接触食品的设备，其表面的全部接缝处应连接光滑，以防止原料碎片或其他物质的留存。

● 操作台、工具应及时清洁消毒，盛放已加工好的水产食品的容器不得直接接触地面。

● 水产品加工中使用的全部工具、器具以及接触食品的设备表面，在操作过程中应经常清洗消毒，每日班前、班后必须进行有效的清洗和消毒。

加工废弃物应存放于专用的、不渗水、带盖的容器中，并有专用运输工具。加工废弃物应及时处理，所用容器及运输工具应及时清洗消毒。在用计量器具须经计量部门检定合格，并有有效的合格证件。冷库应设自动温度记录系统和自动温度报警装置；库内照明灯应有防爆装置，库门设有风幕或挡风帘，冷藏库内应备有足够的垫板，垫板高度不低于10厘米。

3. 成品包装、标签、储存、运输

● **成品包装、标签** 包装材料必须是符合标准、可用于食品的材料。所用材料必须保持清洁卫生，在干燥通风的专用库内存放，内外包装材料要分开存放。直接接触水产食品的包装、标签必须符合食品卫生要求，应不易退色，不得含有有毒、有害物质，不能对内容物造成直接或间接的污染。包装标签必须符合《食品安全国家标准 预包装食品标签通则》（GB 7718—2011）的规定。

● **储存** 未经包装的产品不得进入成品库，易串味的产品不得混放。库内堆放物品应距离墙壁有30厘米的空隙，离库顶有50厘米的空隙，离地面应有 10 厘米空隙。预冷库、速冻库、冷藏库和原料库的温度要符合工艺要求，并配有经校准的温度计或其他测温度装置。测温装置应安装在能指示库房平均空气温度的地方，定时记录库房温度。测温装置原始记录的保存期不得少于两年。库内存放产品整齐，各种不同规格及不同等级的产品应分别存放，批次清楚，不能混放。水产食品不应与有异味的物品同库储藏。库内保持清洁，定期消毒、除霜、除异味，有防霉、防虫设施。应定期查看产品，对包装破损和储存时间较长的产品应重新检验合格后方可出厂。

● 运输　运输工具必须符合卫生要求，使用前必须清洗、消毒。运输水产食品时，不得与有毒、有害物品混装。冰鲜、冷冻水产食品必须按要求严格控制运输温度，防止产品变质。

4. 生产过程的监控

● 检验机构设置及要求　水产品加工企业必须设立与生产能力相适应、在企业负责人直接领导下的检验机构，并配备具有中等以上专业技术水平或经主管部门专业培训、考核合格、持有证书的专业检验人员。检验机构应具备检验工作所需要的检验场所和仪器设备，并有健全的检验管理制度。

● 检验控制　检验人员必须从原料进厂、加工直至成品出厂全过程进行监督检查，重点做好原料验收、半成品检验和成品检验工作，确保加工过程在安全卫生的条件下进行。检验人员应对加工过程进行监督，监督内容主要为：加工过程是否严格按加工工艺和标准卫生操作规范的要求操作，关键控制点是否符合 HACCP 原则要求。

水产品的商品化处理与配送

● 记录控制　各项检验控制必须要有原始记录。各项原始记录按规定保存。原始记录格式要规范，填写要认真，字迹要清晰。

5. 人员要求

● 企业必须配备一定数量的与生产能力相适应的、具有专业知识、生产经验、组织能力强的各级管理人员和技术人员。

● 负责生产和质量管理的企业领导人应具有相当的专业技术知识，并有生产及质量管理经验，能够按标准要求组织生产，对产品质量负责。

● 水产品生产和质量管理的部门负责人应具有相应的专业技术知识，必须有生产和质量管理的实践经验，有能力对生产和质量管理中的实际问题作出正确的判断和处理。

● 生产管理、质量、卫生控制负责人，感官检验人员及化验人员的资格应符合有关规定，应经专业技术培训，使之具有基础理论知识和实际操作技能，并获取有关证书。

● 生产企业必须对各类人员进行业务与技术培训，其培训计划由企业指定部门制订，每年至少组织一次培训、考核。

● 从事水产食品生产人员每年至少进行一次健康检查，必要时进行临时健康检查；新进厂人员应经体检合格后方可上岗。

● 凡患有以下疾病之一者，应调离水产食品生产岗位：活动性肺结核、传染性肝炎、伤寒病、肠道传染病及带菌者、化脓性或渗出性皮肤病、疥疮、手有外伤以及其他有碍食品卫生的疾病。

● 在车间禁止吃东西、抽烟，严禁随地吐痰；不得将与生产无关的个人用品（包括饰物）带入车间；不得留长指甲、涂指甲油，或在肌肤上涂抹化妆品；工作之前和使用厕所之后，或手部受污染时，应及时洗手消毒。

● 车间工作人员应保持个人卫生，遵守卫生规则。进入车间应穿整洁的浅色工作服和工作靴（鞋），戴工作帽或发网，以防止头发、头屑及外来杂物落入食品或容器中。离开车间时应更换工作服，严禁穿工作服、戴工作帽在车间以外的公共场所活动。水产品加工人员在每次离开岗位之后重新操作之前，都要洗手和消毒。

6. 卫生控制程序

生产企业应制定卫生操作规范的书面文件并组织实施，对水产食品加工操作过程中下列卫生要点实施严格的控制。

● 保证与食品接触的水或用来制冰的水的安全性。

● 保证与食品接触的器具、手套和工作服的清洁。

● 防止不洁物体与食品、食品包装材料接触，防止生品和熟品交叉污染。

● 保持消毒间、更衣室、卫生间的清洁卫生。

● 避免食品、食品包装材料与润滑剂、燃料、杀虫剂、洗涤剂、浓缩剂和其他化学、物理、生物等污染性物质接触。

● 正确标示、储存以及使用有毒化合物。应用于食品加工的清洗剂、防腐剂、润滑剂、杀虫剂等必须保证其品种、质量、使用方法及储存方式符合我国的强制性标准或法规的要求。

● 控制生产人员的卫生健康条件，防止能引起食品、食品包装材料和与食品接触的工具、器具表面的微生物污染。

- 防止来自企业排放的有害物质的污染。
- 预防并控制害虫的危害。

7. 管理制度

生产企业应按本规范所列内容和企业自身情况制定生产操作规范和管理制度。

- 有完整的生产管理和质量管理文件。如生产管理部门、质量管理部门、生产辅助部门的各部门职责及管理制度，产品、原料、辅料及包装材料的规格标准等各项管理制度，厂房、设备、检测仪器等的设计、安装、使用、维护、保养制度等。
- 每种产品的生产管理文件。如产品配方、生产指令、生产工艺流程、岗位操作规范等。
- 每种产品的质量管理文件。如原料、辅料的检验规格标准，检验操作规范，取样及留样制度，原料、辅料及包装材料的储存期和药品失效期的确认制度，中间产品的管理制度等。
- 各部门各项卫生管理制度。如环境、厂房、设备、人员的卫生管理制度，原料、辅料及人员进出洁净厂房的卫生管理制度，人员体检制度等。
- 产品的生产和质量管理有关的各种记录制度。如原料、辅料验收、检验、发放等记录，批生产记录，成品的销售和用户意见记录等。
- 其他。如成品的出入库管理制度，原料、辅料报废制度，紧急情况处理制度等。

专家提示

《水产品加工质量管理规范》自 2000 年 1 月 1 日起实施。它是开展水产品质量认证的标准依据，这表明我国 HACCP 的推广应用进入了法制轨道，从此我国水产品加工的质量管理有了可为生产企业操作使用的指导性技术文件。

话题 2　水产品的感官检验

鱼类、虾、蟹、龟等水产品营养很丰富，味道很鲜美，但因水产品中蛋白质的含量比较高，含水量也很大，所以很容易腐败变质，造成食物中毒。

为了保障人们的生命安全，保护广大消费者的利益，动物卫检部门需要加强对上市水产品的卫生检验工作。在市场上一般只进行感官检验，必要时结合理化和微生物学进行检验。

 ### 鱼的感官检验

1. 新鲜鱼的特征

● 新鲜的鱼一般身体僵硬，眼球突出，角膜透明，富有弹性，

水产品的商品化处理与配送

眼前方和虹膜上可能具有个别的出血点,但没有血液完全浸润的现象。

- 鳞片整洁、鲜明而有光泽,且牢固地附着于体表。
- 口、鳃紧闭,鳃瓣呈鲜红色,无异臭及黏液。
- 腹部正常,不膨胀。
- 肌肉坚实,富有弹性,且不易与骨分离。这样的鱼是新鲜的鱼,如图6—1所示。

图6—1　新鲜的鱼

2. 区分好的冰冻鱼和变质的冰冻鱼的方法

- 好的冰冻鱼一般具有以下特征:鳍平整紧紧贴着鱼体,鳞片上覆有冻结的摸起来滑滑的黏液层;鱼体表面色泽鲜明而不浑浊;切开肉后,肉的颜色均一有光泽。

- 变质的冰冻鱼可能口张开、鳃张开,鱼皮肤和鳞片的色泽均比活鱼冰冻的要暗沉。腐败鱼的切面上还会有异样的色泽和斑点。

专家提示

鱼在腐败状态下冰冻,冰冻后一般不发出腐败气味。这种情况下可切取鳃一块,浸入热水中嗅之,以判定其气味。如果有臭味,说明鱼已腐败。

3. 判别盐腌鱼的方法

● 好的盐腌鱼的体表应整洁无损,鳞片密集整齐;肉比较坚实,呈均匀一致的灰红色,按压时不留凹陷,用手揉搓时也不变成面团状。

● 如果用手揉搓时变成面团状则表明鱼肉已发生腐败,同时,腐败的鱼体上会有各种各样的斑点。

4. 好的腌干鱼和熏干鱼的特点

● 好的腌干鱼和熏干鱼应具有完整的鳞片,并且牢固地贴于皮肤上,皮肤上没有各种斑点。

● 如果鳞片暗淡说明鱼在盐腌前就已经发生腐败了。熏鱼的肉应具有该种鱼类固有的色泽和透明度。

5. 判断病鱼的方法

● 鱼的疾病不多,常见病有烂鳃病、打印病、肤霉病、球虫病以及舌状绦虫病等。

● 在感官检查时一般看皮肤和外部器官。如鳃丝腐蚀、鳃盖骨充血,中间部分的表皮腐蚀成圆形或不规则透明小窗,则提示是烂鳃病;在鱼体背鳍和肛门附近两侧皮肤、肌肉上出现圆形或椭圆形红斑,

水产品的商品化处理与配送

犹如在鱼体上加盖了红色印章，则提示为打印病；再如鱼的鳃瓣贫血苍白，腹部膨大，肠道内部形成灰白色小结节，其周围组织溃烂，则提示为球虫病。

- 如果要确诊鱼病则需要借助于理化检验和微生物学检验。

6. 有毒鱼的特征

- 有毒鱼在内陆地区少，大多分布于海洋和沿海地区。
- 有毒鱼多半在形状上有些特别，比如外形凶恶，头部粗圆或不规则，体表无鳞，皮肤上有不同的黑色斑点等。
- 有毒鱼有些仅在某些器官和组织上有毒，除去这些有毒成分，并不影响食用，比如河豚。

虾的感官检验

- 新鲜的生虾，一般外壳光亮、半透明，肉质嫩白至淡青色（对虾），紧密而有弹性，无异常气味，肢体完整，蟠足蜷体，如图6—2所示。而陈旧败坏的生虾一般外壳浑浊，失去光泽，从头至尾逐次变红，甚至变黑；肉质松软，肢体下垂，发出腥臭气味，头、足甚至脱离虾体。
- 新鲜熟虾仁，肉质白色且常常微红，外观整洁，虾尾向下弯曲，无破碎现象，具有正常的香气，滋味鲜嫩。死后煮熟的虾仁，体伸长，尾不卷曲，外表不洁，肉质通常僵硬，鲜味减退或滋味异常，甚至发臭，外壳变黑。

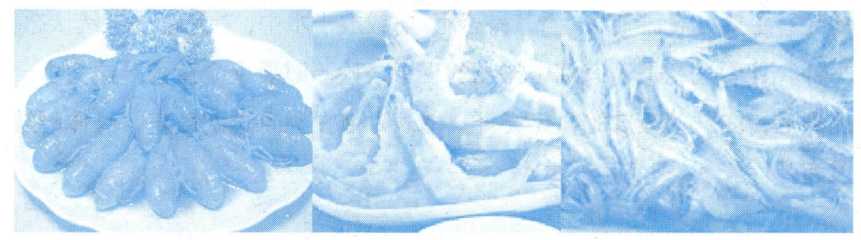

图6—2 新鲜的虾

蟹的感官检验

活蟹动作比较灵活,好爬行,善滚翻;而濒死的蟹则一般精神委靡,不太动,如果将其仰置,不能翻起。刚死的鲜蟹,其壳的纹理比较清晰,质地坚实,用手指夹持背腹平举蟹体时,可见足爪伸直不下垂;肉质充实,蟹体较沉,轻敲背壳发实音,体表整洁,无异味。变质的生蟹,其壳纹理不清,质地脆弱,平举蟹体时,足爪下垂,甚至脱落;壳内肉质空虚,流出液体,体表看起来较脏,有的还会有腥臭或腐臭的气味。死的淡水蟹一定不能食用,否则极易中毒。

鳝鱼、鳖、龟的感官检验

鳝鱼、鳖、龟这几种水产品要求活体销售。怎样鉴别它们是否是活

水产品的商品化处理与配送

的呢？主要是通过刺激，看其是否运动；或放于水中，看是否呈自然状态。另外，还要注意是否有活中掺死的现象，检验时要逐个查看。这类水产品死后，皮肤多较灰暗，无光泽，体表黏液多，且透明度差，身体硬结没有弹性。

话题 3　水产品原料新鲜度的测定

总挥发性盐基氮的测定

总挥发性盐基氮（TVBN）指动物性水产食品在储藏过程中，由于肌肉中的内源酶和细菌的共同作用，蛋白质分解而产生的氨以及胺类等碱性含氮物质所含的氮的总量。它被认为是判断水产品腐败程度的重要指标。不同的 TVBN 值代表着不同的新鲜程度，见表 6—1。

表 6—1　　　　　　　水产品的 TVBN 范围

TVBN 值	新鲜程度
≤ 12	新鲜
12 ~ 20	略有降解，可食用
20 ~ 25	临界值
>25	降解，不可食用

TVBN 的测定原理是利用弱碱性试剂氧化镁使试样中碱性含氮物质游离而被蒸馏出来，用硼酸吸收，再用标准酸滴定，计算出含氮量。常用的测定方法有微量定氮法和微量扩散法。

组胺的测定

组胺是组氨酸在摩氏摩根菌、组胺无色杆菌的组胺脱羧酶的作用下，脱去羧基后形成的一种胺类物质。人体摄入一定量的组胺后，会引起组胺中毒。我国国家卫生标准规定，鲐鱼中组胺的限量为≤ 100 毫克/100 克，其他鱼为≤ 30 毫克/100 克。组胺含量的测定通常采用比色法。

K 值的测定

K 值是反映鱼类新鲜度的一项重要指标，是基于鱼体死后肌肉中的三磷酸腺苷（ATP）会在酶的作用下，逐步分解成二磷酸腺苷（ADP）、单磷酸腺苷（AMP）、肌苷酸钠（IMP）等，按照鱼体肌肉中所含上述六种 ATP 关联化合物，分别进行定量求得的相对值。一般而言，活杀鱼的 K 值低于 10%，鲜度极好的鱼 K 值在 20% 左右，一般鲜度的鱼 K 值在 40% 左右。

pH 值的测定

pH 值是氢离子浓度的常用对数的负值,即 pH=-lg[H$^+$]。由 pH 计测得。pH 计使用之前要进行校正。测定方法如下:称取粉碎的鱼肉 10 克,加入蒸馏水至 100 毫升,摇匀,静置 30 分钟后过滤;取滤液 50 毫升,用 pH 计测定。

酸价的测定

酸价指中和 1 克脂肪中的游离脂肪酸所需的氢氧化钾的毫克数。水产动物体死后,体内的脂肪在微生物、酶和热的作用下发生缓慢水解,产生游离脂肪酸。而游离脂肪酸的含量是脂肪质量的重要指标。因此,酸价成为衡量水产品新鲜程度的重要指标。酸价越小,说明水产品越新鲜。

过氧化值的测定

过氧化值是表示油脂和脂肪酸等被氧化程度的一种指标,用于说

水产品的商品化处理与配送

明样品是否因已被氧化而变质。油脂氧化后会生成过氧化物、醛、酮等,氧化能力较强,能将碘化钾氧化成游离碘,可用硫代硫酸钠来滴定。过氧化值越高,说明水产品腐败程度越严重。

话题 4 水产品化学和微生物指标的检测

水产品在加工、储存过程中,由于微生物的侵入,繁殖和自身酶的作用,使水产品组织被分解,变为低级化合物,食品品质降低,甚至失去可食性,进入食品腐败阶段。水产品一旦开始腐败,其风味就会改变,失去可食性,不能作为人类食品。那么水产品的品质好坏如何进行评判?检验的标准是什么?水产品的品质用质量指标来表示,通过质量指标可以判断水产品品质的新鲜度及可食性等质量情况。

 专家提示

水产品品质好坏与生产的每一环节如原料、加工、储藏、销售等的质量指标都紧密相关。重视质量指标对提高水产品质量,保证人们身体健康都具有十分重要的意义。

 **水产品化学指标的检测**

水产品的化学质量指标是水产品品质检验的一个极其重要的指

标，包括成分分析指标、鲜度检验指标和品质检验指标等。

1. 成分分析指标

● **水分分析指标** 水分分析指标反映了水产品的稳定性、内在质量和加工可能性等情况。水产品的水分含量随其种类、季节和生死周期而变化。

● **蛋白质含量指标** 由于水产品蛋白质在营养和功能方面的特性，已成为人类重要的蛋白质来源。

● **非蛋白质氮** 有机氮来源主要有两个，一是蛋白质中的有机氮，另一个是非蛋白质的化合物，如：氧化三甲胺、三甲胺、二甲胺、尿素、牛磺酸、肽、氨基酸及有关的嘌呤类化合物。这些化合物不是蛋白质，但与水产品的风味、品质有关，一般占水产品肉总重量的 0.5%～1.0%。

● **盐分** 盐分含量与腌制水产品的水分、品质有密切关系。

● **脂类含量** 水产品组织的脂肪由中性脂（三酸甘油酯）、极性脂（如磷脂）和少量的胆固醇、胆固醇酯、游离脂肪酸等组成。其含量随品种和季节不同而有很大变化，其脂类含量对水产品的冷藏稳定性、营养性和加工条件都有重要影响。

● **灰分** 通过水产品的灰分，可测其矿物质含量和进行元素分析等。

● **pH 值** 鱼、贝类死后由于肌肉中糖元酶解作用，产生乳酸，使 pH 值下降；到了僵硬期，pH 值降得更低。但过了僵硬期，微生物作用加剧，产生了氨和其他碱性物质，pH 值开始逐渐增高。对于大多数鱼类，pH 值大于 7，即表明已变质。

2. 鲜度检验指标

● **挥发性盐基氮**　挥发性盐基氮（VBN）常被用来评价水产品的新鲜度，指的是水产品蛋白质分解产生脒、胨、肽及氨基酸，氨基酸再分解成更低级的化合物，如氨、甲胺、二甲胺、三甲胺、硫化氢等。

● **三甲胺**　三甲胺（TMA）含量可用来判断鱼类的细菌性腐败，三甲胺含量越高，鲜度越差。三甲胺含量同鱼种类、群体和季节有关。

● **二甲胺和三甲胺的同时测定**　二甲胺（DMA）含量的高低是衡量氧化三甲胺酶活性的鱼类在冷冻时的质量指标，而三甲胺（TMA）是衡量鱼类中细菌和食用质量的指标。同时测定二甲胺和三甲胺含量即可判断海洋鱼类的品质好坏。

● **非挥发性生物胺类**　非挥发性生物胺类如组胺、尸胺、腐胺，酪胺、胍丁胺等，一种或多种非挥发性生物胺的变化有时可以作为水产品鲜度的指标。

● **K 值**　用能量物质三磷酸腺苷（ATP）的变化情况作为水产品鲜度的质量指标，能反映出水产品内在的变化情况。反映这个情况的值称为 K 值，其大小即可作为鲜度的指标，尤其是早期变质指标。

3. 品质检验指标

品质检验指标主要是用来衡量水产制品中组分含量的一种质量指标。如干制品测定水分含量及水活性；腌制水产品测定盐分含量；虾油的鲜味成分可测定氨基酸态氮含量等。

水产品微生物指标的检测

水产品的腐败与细菌有密切的关系。细菌总数可以表示新鲜程度和腐败状况。一般认为水产品中的细菌数在 10^5/克以下为新鲜，$10^5 \sim 10^6$/克为初期腐败，10^6/克以上为腐败。但这一标准因水产品的种类、存在状况不同而异。在微生物质量指标中，除了菌落总数外，通常还要进行一些致病性细菌的检验，如大肠菌群、沙门氏菌、金黄色葡萄球菌等细菌数量指标。

 专家提示

我国食品卫生标准中的微生物指标一般指细菌总数、大肠菌群、致病菌、霉菌和酵母菌五项。水产品中的主要腐败菌为腐败希瓦氏菌、假单胞菌。

● 细菌总数　细菌总数指1毫升水（或1克样品），在普通琼脂培养基中，经37℃、24小时培养后所生长的细菌菌群总数。它可以作为食品被污染程度的标志，可以用来预测食品存放的期限程度。

● 大肠菌群　具有某些特性的一组与粪便污染有关的细菌。一般认为该菌群细菌可包括大肠埃希氏菌、柠檬酸杆菌、产气克雷伯氏菌和阴沟肠杆菌等。大肠菌群是评价食品卫生质量的重要指标之一，目前已被国内外广泛应用于食品卫生工作中。

水产品的商品化处理与配送
SHUICHANPIN DE SHANGPINHUA CHULI YU PEISONG

● 致病菌　致病微生物可通过水产食品对人产生危害，表现为胃肠炎、腹泻、发烧、呕吐、败血症、痢疾等主要症状。这些微生物所引起的食源性疾病是影响食品安全的主要因素之一。主要检测沙门氏菌、副溶血性弧菌、金黄色葡萄球菌、大肠埃希氏菌等。

● 霉菌　霉菌广泛分布于自然界，但很多霉菌在生长过程中易产生毒素，霉菌毒素对水产动物的健康和生产性能，以及产品质量都会产生严重的影响。所以在养殖过程中一定要严格控制饲料的霉菌污染。

● 酵母菌　酵母菌在新鲜的和加工的食品中繁殖，可使食品发出难闻的异味。因此也作为评价食品卫生质量的指示菌，并能表现食品被污染的程度。

第七讲　水产品商品化处理的成本与收益

话题 1　水产品商品化处理的收益实例

实例分析

● **滞销海鲈做成鱼干热销**　500 克新鲜的海鲈成本价格为 10 元左右，但经过深加工制成风味独特的鱼干后，虽然重量减轻了，附加值却每 500 克增长了 5 元左右，既能有效解决养殖户的销路问题，又使水产品的附加值大大提升。

小例子

　　按照每 1.5 千克鲜鱼可制成 0.5 千克鱼干来算，1.5 千克鱼的成本约为 30 元，而 0.5 千克鱼干的销售价格在 45 元左右，每 0.5 千克鱼的附加值可增值 5 元左右。若是 0.5 千克南美白对虾制成虾干，也有相同的附加值。

● **罗非鱼下脚料华丽变身** 可将罗非鱼的鱼片、鱼鳞、鱼头等廉价的下脚料研制成风靡市场的胶原蛋白产品，每吨罗非鱼下脚料干品为 4 000 ~ 10 000 元，经过工艺处理后，将增值到 50 万元，产生了巨大的经济效益、社会效益和生态效益。

 专家提示

胶原蛋白广泛应用于食品工业、医药工业、日用化工、生物合成等领域，它具有降血压、抗氧化、提高免疫力、抗血栓、抗肿瘤等多种活性，还能够提供人体生长发育所需的营养物质。

● **利用新科技商业化处理海珍品** 采用传统的人工热风干燥加工或自然干燥加工名贵海产品时，会导致营养活性物质的损失，影响制品质量的均一性和耐藏性，选用新科技——真空冷冻干燥技术代替传统方法，将有效克服上述不足，还能通过改善其外观和内在品质，提高经济效益。

根据美国农业部的资料，真空冻干的加工费用是冷冻食品和罐头食品的两倍多，但是其销售储藏费用低，而且从整个加工流通过程的总成本看，真空冷冻食品为罐头食品的 1.02 倍，为冷冻食品的 1.28 倍，相差较小。同时冻干海珍品时，原料费用占总成本的比重较大，利用真空冷冻干燥技术等高科技可提高产品的品质档次和价位。

水产品的商品化处理与配送

 专家提示

利用高科技首先要考虑的是设备投资问题,我国水产品加工企业较多,有一部分企业处于停产或半停产的状态,这些企业大都自带冷冻设备或冷藏库,投资者完全可以利用这些现成的厂房设备,添加与生产能力相应的加工设备即可,这样可大大降低一次性设备投资。

 **巧卖水产品**

● **提早卖** 水产品集中销售季节之前,大批量的水产品还未到上市时间,消费者的尝鲜心理,有助于水产品价格的提高。

● **延后卖** 水产品旺季过后,由于多数养殖户已经转入下一周期的生产,水中缺乏供市水产品,致使市场供应量不足。这时少量的应市水产品就会价高畅销。

● **分割卖** 根据消费者的不同需求,销售水产品可借鉴牛、羊、猪、鸡等肉类的销售方式,按不同部位分割销售,确定不同的价格。如同样是卖鳙鱼,将鱼头、鱼身分开卖,可以比整条鱼销售价格高出很多,鱼头可卖给饭店做火锅,鱼身可腌制成咸鱼,做到一鱼两吃,由此提高了水产品的附加值,增加了收益。

● **加工后卖** 水产品通过初加工或深加工后再卖,可以成倍增值。如同样是卖螃蟹,一般小蟹不值钱,如将小蟹做成醉蟹后价格就会翻番。同样是卖小鱼,若将小鱼做成小干鱼卖,价格就会更高。

● **分开卖** 销售水产品,卖统货一般价格低。若将其按品种、规格等分开销售,便会使效益大大增加。养殖户应抓住消费者当今的消费心理,为自己的水产品进行市场定位。如许多消费者购买黄鳝认为大的好,吃螃蟹喜欢吃雌蟹,常规鱼以买野生的为好,认为小鱼以"杂"的为好。掌握了这些消费心理,养殖户就可在销售水产品时分开卖,争取最细致化,做到不但养得好,还要卖得巧,从而多赚钱。

话题 2 水产加工发展建议

水产加工企业发展建议

随着经济的发展和人民生活水平的提高,都市生活节奏的加快以及超市的普及,人们希望有更多食用方便、安全卫生、新鲜价廉、营养丰富的水产加工食品投放市场。水产品加工企业应该抓住机遇,不断提高自身的竞争力,使水产品加工业成为养殖基地和远洋捕捞的坚强后盾。

水产品的商品化处理与配送
SHUICHANPIN DE SHANGPINHUA CHULI YU PEISONG

● **规模要大** 小规模的水产品加工已不能适应形势的要求，容易在激烈的市场竞争中被淘汰，水产品加工企业应大力推进技术改造，加强配套设施建设，走集约化、集团化、渔工技贸一体化的道路，形成龙头企业。这样，不仅可以带动近郊渔业生产持续发展，保障原料供应，也可以依托集团优势，及时解决资金、技术、人才、管理、营销等方面的不足；反过来，又为集团增强实力。企业可根据规模结构实际情况实行跨行业、跨所有制、跨地域联合，形成群体优势和规模效应。利用规模效应支撑企业的不断发展壮大。

● **产品要多** 水产品加工企业生产的产品不应是单一的，而是应通过广泛的市场调查，根据不同消费群体的需要，开发出多样化、系列化产品。以品种大众化、手段现代化、食用方便化、原料多样化为原则，在口味、口感、方便、休闲方面做文章，向冷冻调理、精制小包装及连锁快餐等方便食品发展，用产品的品位、层次来满足不同消费群体的需求。

● **技术要新** 水产品加工企业要在现有加工技术基础上，采用新方法、新工艺、新技术，进行技术创新，要与科研单位和高等院校进行技术协作攻关，实行产、学、研结合，重点开发具有一定超前性的高技术含量、高附加值的高精加工产品。加强水产医疗保健食品、功能食品的研究开发和水产废弃物的开发利用。

● **质量要高** 加工出来的产品必须符合人们的要求，适销对路，同时保证产品的安全、卫生。严格执行与食品卫生有关的法律、法规。在产品的色香味上下工夫，不断提高产品质量档次，质量是企业的生命，是企业可持续发展的根本保证。产品质量的高低，直接关系到企业自身的生存，因此，必须努力提高产品质量，让消费者吃得满意，吃得放心，利用高质量的产品来赢得消费者，赢得市场，赢得效益。

● 管理要严　鉴于水产品原料易腐、不易保存的特殊性，企业必须从原料购进到产品售出各个生产环节制定严格的管理制度，按照HACCP（危害分析与关键控制点）原则，规范质量管理，并全面贯彻执行农业部渔业局制定的《水产品加工质量管理规范》，与国际接轨，建立严格的管理制度，加工生产企业按照ISO 22000食品安全管理体系标准生产和管理，确保加工产品是绿色、无污染、放心食品。

● 信息要灵　水产品加工企业要建立完善的信息沟通网络，捕捉和筛选各种有用信息。在市场经济条件下，市场风云变幻莫测，因此，谁掌握了准确信息，谁就掌握了主动权。充分利用现代网络手段，运用信息优势提前介入产品竞争，掌握市场发展趋势，为企业赢得更大的主动权。

● 市场要广　要打开水产加工食品市场，就必须使产品质量过硬，创立行业名牌产品，使之家喻户晓，人人喜爱。城乡各地都是水产加工食品的广阔市场，不仅要重视东部地区的市场开发，更要重视中西部地区的市场开发。不仅要重视国内市场开发，也要重视国外市场开发。要结合各种展销会、贸易洽谈会，大力推开市场，让消费者认识它，接受它。

● 机制要活　从实际出发，水产品加工企业可采取股份合作制、承包经营或改组、联合、兼并、租赁等多种形式，放开搞活，增强水

水产品的商品化处理与配送

产加工企业的实力和竞争力,加快水产加工企业的技术进步和产业升级。

有关水产品加工业发展的建议

近年来,我国水产品加工业有了长足的发展,尤其在水产品加工能力、加工企业发展、加工产品的种类和产量、加工技术及装备建设的发展成效明显,但与发达国家相比,仍存在很多不足,主要体现在基础研究薄弱、加工与综合利用率低、加工产品品种少、附加值低、装备落后、标准体系不健全、产品质量不高等方面。我国应该以市场为导向,大力发展水产品精深加工,实现水产加工品的多元化。

● **坚持以市场为导向,进一步调整优化加工产品结构** 巩固、提高名优产品;稳步发展精深加工产品,以大宗产品的保质和低值产品的精深加工与综合利用为重点,采用先进的加工技术和加工方式,提高水产品质量和附加值,发展多元化的水产加工品;提倡发展鲜活产品,逐步提高加工品、鲜活产品的比例,满足社会对水产加工品的多样化、多层次、优质化、方便化、安全化和营养化等的需求。

● **坚持发展与环境保护相结合,提高对废弃物的综合利用** 在水产加工企业建设和发展中,应重视解决环境保护和食品卫生等问题。在企业布局中,应注意防止周边环境对产品的污染。同时应注重综合利用,实现水产原料利用的最大化、加工企业对周边环境的污染最小

水产品的商品化处理与配送

化。应充分利用水产品加工过程中产生的废弃物，提高对废弃物的综合利用率。

● **坚持发挥产品区域优势，加快培育水产品加工产业带** 在水产加工企业布局和区域布局上，应以原料产地为依托，实行就地就近加工。对大宗优势水产品，应实行捕捞、养殖、加工与流通一体化，做到加工与原料基地结合，上下游产品相衔接，培育不同区域的水产品生产加工产业带。

● **培育水产加工龙头企业，大力实施名牌战略** 探索建立产、加、销一体化，渔、工、贸一条龙的产业化经营体制，组建具有特色的企业集团。利用龙头企业在产业规模、市场网络以及资金、技术、管理等方面的优势，采取合作、控股、收购、扩张等形式，打造水产加工业的"航母"。大力实施名牌战略，重点扶持基础好、竞争力强的名牌产品和企业。必要时，可采取对质量过硬的同类产品实行统一品牌的办法来提高产品的竞争力。